Musikalischer Rhythmus und Oszillation

Schriften zur Musikpsychologie und Musikästhetik

Herausgegeben von Helga de la Motte-Haber

Band 13

PETER LANG
Frankfurt am Main · Berlin · Bern · Bruxelles · New York · Oxford · Wien

Jörg Langner

Musikalischer Rhythmus und Oszillation

Eine theoretische und empirische Erkundung

Including a comprehensive abstract in English

PETER LANG
Europäischer Verlag der Wissenschaften

Die Deutsche Bibliothek - CIP-Einheitsaufnahme

Langner, Jörg :

Musikalischer Rhythmus und Oszillation : eine theoretische und empirische Erkundung, including a comprehensive abstract in English / Jörg Langner. - Frankfurt am Main ; Berlin ; Bern ; Bruxelles ; New York ; Oxford ; Wien : Lang, 2002
 (Schriften zur Musikpsychologie und Musikästhetik. Bd. 13)
Zugl.: Hannover, Hochsch. für Musik und Theater, Diss., 1999
ISBN 3-631-38885-3

Satz und Layout:
Schreibservice Kumpernatz + Bromann, Hamburg

Gedruckt auf alterungsbeständigem,
säurefreiem Papier.

ISSN 0930-3820
ISBN 3-631-38885-3
© Peter Lang GmbH
Europäischer Verlag der Wissenschaften
Frankfurt am Main 2002
Alle Rechte vorbehalten.

Das Werk einschließlich aller seiner Teile ist urheberrechtlich geschützt. Jede Verwertung außerhalb der engen Grenzen des Urheberrechtsgesetzes ist ohne Zustimmung des Verlages unzulässig und strafbar. Das gilt insbesondere für Vervielfältigungen, Übersetzungen, Mikroverfilmungen und die Einspeicherung und Verarbeitung in elektronischen Systemen.

Printed in Germany 1 2 4 5 6 7

www.peterlang.de

Inhaltsverzeichnis

Vorwort 9

Kapitel I
Vorüberlegungen 11
A. Einleitung 11
    1. Aspekte des Rhythmischen 11
    2. Periodizität 12
    3. Oszillation 14
B. Fragestellung 15
C. Bisherige Ansätze 17
    1. Übersicht 17
    2. Einzelaspekte 18
    3. Rhythmustheoretische Vorstellungen und
       Anwendungsperspektiven 23
D. Zur Vorgehensweise 25
    1. Modell 25
    2. Überprüfung des Modells 26

Kapitel II
Das Oszillations-Modell 29
A. Allgemeine Beschreibung 29
    1. Input 29
    2. Das Modell 34
    3. Output: Darstellung in Oszillogrammen und Expektogrammen 46
    4. Demonstration einiger Berechnungsschritte anhand von
       Oszillogrammen 49
B. Mathematische Beschreibung 54
    1. Errechnete Lautstärkekurven 54
    2. Die Algorithmen des Modells 54
    3. Übersicht der verwendeten Parametereinstellungen 61
    4. Anhang: Die Berechnung von Genauigkeit und Dynamizität 63

Kapitel III
Analysen 65
A. Notierte Rhythmen 65
B. Einspielungen durch Schlagzeuger 75

Kapitel IV
Das Experiment 81
A. Die Rhythmen 81
B. Die Einspielungen 83
   1. Versuchspersonen 83
   2. Durchführung 83
   3. Ergebnisse/Auswertung 84
C. Weiterverarbeitung der Einspielungen 84
   1. Normierung, Übertragung auf einen Schlagzeug-Computer 84
   2. Synthetische und halbsynthetische Versionen 85
D. Die Auswahl der Versionen 86
E. Die Bewertung 88
   1. Versuchspersonen 88
   2. Durchführung 89
   3. Ergebnisse 93
   4. Sprachliche Äußerungen der Versuchsteilnehmer 102
   5. Diskussion 104
F. Die Regression 106
   1. Vorüberlegungen 108
   2. Regression per Oszillationsstärke und Änderungsstärke 110
   3. Regression per Genauigkeit und Dynamizität 115
   4. Modifizierungen des Modells und seiner Parameter 117
   5. Diskussion 119

Kapitel V
Diskussion 123
A. Das Modell als Periodizitätsdetektor 123
B. Das Modell und die Bewertung von Performances 127
C. Vergleich mit den bisherigen Ansätzen 130
D. Verbesserungen und Erweiterungen 133
   1. Parametereinstellungen und Modellvarianten 133

    2. „Omega-Effekt" 134
    3. „Punktiert/Lombardisch" 135
    4. Vorerfahrung 137
    5. Weitere Größen und Darstellungsformen 138
    6. Oszillationsbänder 138
    7. Tonhöhe 139
    8. Die Echtzeit-Version 141
E. Anwendung und Anwendungsperspektiven 141
    1. Performance-Analyse 141
    2. Kompositions-Analyse oder: Beiträge zu einer Theorie des Rhythmus 143
    3. Kognitionspsychologische Forschung 145
    4. Anpassung an Personengruppen 145
    5. Außereuropäische Musik 146
    6. Grenzen 147
F. Zusammenhang mit eigenen, früheren Studien und Ausblick ... 148

Literaturverzeichnis 153

Comprehensive Abstract 157

Anhang 169
Anhang A: Inhalt der CD, Oszillations- und Änderungsstärken aller Beispiele 171
Anhang B: Inhalt der CD, Genauigkeits- und Dynamizitätswerte aller Beispiele 172
Anhang C: Fragebogen für die Bewertungsexperimente mit Schülern 173
Anhang D: Zur Genauigkeit bei der Transferierung auf den Schlagzeugcomputer 174
Anhang E: Details zu den Varianzanalysen 176
Anhang F: Farbgrafiken 177

Vorwort

Die vorliegende, einem Aspekt des musikalischen Rhythmus gewidmete Studie ist Teil eines größer angelegten Forschungsprojektes, welches zum Ziel hat, neue theoretische Grundlagen und Analyseverfahren für *alle* Gestaltungsbereiche der Musik zu entwickeln. Arbeitsfelder sind hierbei neben dem Rhythmus insbesondere die Bereiche von Lautstärke, Tempo, Melodik und Harmonik.

Als ein fundamentales und alle Teilbereiche integrierendes Phänomen werden hierbei die von Musik in Menschen ausgelösten *Bewegungsempfindungen* gesehen. Dies ist im Sinne Ernst Kurths gemeint, so wie es von ihm etwa in seiner „Musikpsychologie" von 1931 formuliert wird. Das Forschungsprojekt modifiziert jedoch insoweit seine Sichtweise, als *nunmehr* angestrebt wird, konkrete Antworten auf die Frage nach *Art* und *Maß* dieser empfundenen Bewegungen zu finden.

Daß der Bewegungsaspekt von Musik auch in der neuesten musikpsychologischen Forschung immer wieder Beachtung findet (z.B. Repp 1993; Gjerdingen 1994; Todd 1995), mag als Hinweis auf die Relevanz dieses Gesichtspunktes und die anhaltende Aktualität der Gedanken Ernst Kurths gesehen werden.

Mein besonderer Dank gilt Prof. Dr. Klaus-Ernst Behne (Musikhochschule Hannover), der im Laufe einer fast zehnjährigen Begleitung meiner wissenschaftlichen Arbeit ein kritischer und anregender Diskussionspartner war und der als Betreuer der vorliegenden Studie ihre Entstehung auf vielfache Weise förderte.

Ich bedanke mich sehr herzlich auch bei Prof. Dr. Reinhard Kopiez (Musikhochschule Hannover). Die Anregungen aus der langjährigen Zusammenarbeit haben auch diese Arbeit sehr befruchtet. Seine Unterstützung in der schwierigen Anfangsphase war von unschätzbarem Wert.

Vielfach habe ich mich über die Hilfsbereitschaft freuen können, der ich an der Technischen Universität und an der Physikalisch-Technischen Bundesanstalt in Braunschweig begegnet bin. Für die Unterstützung bei zahlreichen mathematischen, physikalischen und computertechnischen Einzelproblemen, die ich dort erhielt, möchte ich mich hiermit summarisch bedanken. Besonders hervorgehoben seien jedoch die intensiven Gespräche über physikalische und philosophische Fragen mit Prof. Dr. Klaus Müller, dessen früher Tod auch in dieser Hinsicht einen sehr schmerzlichen Verlust bedeutete. Weiterhin bedanke ich mich für die anregenden und kritischen Diskussionen mit Prof. Dr. Dirk Vorberg, Prof. Dr. Thomas Görnitz (heute Universität Frankfurt) und Dr. Rainer Goebel (heute Max-Planck-Institut für Hirnforschung, Frankfurt).

Über die große Kooperationsbereitschaft unter Schlagzeugern und Nichtschlagzeugern an der Musikhochschule Hannover habe ich mich gleichfalls sehr gefreut. An der Einspielung der Rhythmen waren beteiligt: Andreas Böttger, Julia Engel, Norbert Krämer, Jeremias Petersen, Evi Rothacker, Annemarie Weitezahn und Burkhard Wetekam. Ihnen nochmals meinen herzlichen Dank!

Die im Rahmen dieser Arbeit durchgeführten Experimente hatten einer intensiven Vorab-Erprobung bedurft. Als geduldige „Versuchskaninchen" stellten sich dankenswerterweise zur Verfügung: Angela Bank, Julia Beißner, Geoffroy Dabrock, Dörthe und Gesine Eggelsmann, Alexander Eggen, Marianne Fleckenstein, Christian Hammerschmidt, Lisa Kälber, Jochen Klages, Tanja Maushake und Sascha Münich.

Für die Durchführung der Bewertungsexperimente war ich auf die Unterstützung zahlreicher Personen angewiesen, die sich entweder als Einzelversuchspersonen zur Verfügung stellten oder aber mir die Möglichkeit gaben, mit ihren Schulklassen und Kursen zu arbeiten. Ich bedanke mich hierfür bei: Hartwin Alruz, Marcel Babazadeh, Julia Beißner, Frank Domhardt, Christine Ebeling, Johannes Ehrhorn, Knut Hartmann, Heribert Hase, Gabi Herbst, Philipp Kohnke, Gerd Kolkmeyer, Wilken Lamkemeyer, Benedikt Leitner, Renate Limberger, Volker Link, Christian Nübold, Axel Oltmans, Friederike Pasternak, Angela Roscher, Hannelore Schütze, Sebastian Schuhmacher, Jan Schulte, Christian Schrader, Jürgen Siebert, Michaela Stumm, Uschi Sürig-Dargies und Kathrin Wagner.

Ganz besonders möchte ich den Beitrag meiner drei Mitarbeiterinnen Christine Ploog, Katrin Schultze und Janina Eggers hervorheben, welche sich ihr freundliches Wesen auch von endlosen Datenkolonnen, unzähligen Onset-Detektionen und monotonen Trommel-Experimenten nicht beeinträchtigen ließen. Ich bedanke mich für die geleistete Qualitätsarbeit und die tiefgründigen Gespräche beim Pausen-Tee.

Das Lektorat wurde von Katrin Schultze übernommen. Gundula und Reinhard Kopiez, Hendrikje Mautner, Friederike Pasternack und Daina Stepanauskas haben die Arbeit in Teilen gelesen und kommentiert. Die Herstellung der CD übernahm Stefan Schultze. Allen diesen Mitwirkenden meinen herzlichen Dank!

Mein Bruder Rainer hat mir bei der Lösung von Computer-Problemen in unzähligen Fällen zur Seite gestanden. Hierfür möchte ich ihm sehr danken, ebenso wie meiner Mutter für die finanzielle Unterstützung in der Entstehungszeit dieser Arbeit.

Die vorliegende Arbeit ist die überarbeitete Fassung der im Jahre 1999 an der Musikhochschule Hannover eingereichten Dissertation.

Berlin, im Januar 2001 *Jörg Langner*

Kapitel I
Vorüberlegungen

A. Einleitung
1. Aspekte des Rhythmischen
Die wissenschaftliche Beschäftigung mit Rhythmus führt früher oder später zum Staunen – zum Staunen über Rätselhaftigkeit und Widersprüche, zum Staunen aber auch über den Reichtum an Gesichtern und Facetten, welcher sich in den Phänomenen des Rhythmischen zeigt. Bereits das Studieren der wissenschaftliche Literatur zu diesem Thema enthüllt ein sehr komplexes und farbiges Bild, das bis hin zur scheinbaren Unvereinbarkeit von Merkmalen reicht.

Im Sachteil des „Riemann Musik Lexikon" von 1967 werden unter dem Stichwort „Rhythmus" die Merkmale der *Ordnung* und *Gestaltung* als zentrale Gegebenheiten genannt. Die Ordnung verbindet man hierbei mit dem Moment der *Regelmäßigkeit*, die Gestaltung hingegen mit dem Moment der *Spontaneität*. In dieser Zuordnung offenbart sich eine bemerkenswerte Divergenz der Merkmale. Offensichtlich erscheint jedoch gerade eine solch quasipolare Merkmalskombination den Autoren geeignet, etwas Wesentliches des Rhythmischen zu fassen.

Der renommierte Rhythmusforscher Paul Fraisse verweist in seinen grundlegenden Gedanken zu diesem Thema auf die bereits in der Herkunft des Wortes angelegten und gleichfalls divergenten Aspekte der *Form* und des *Fließens* (1982, S. 149-151). Platons Definition von Rhythmus als „Ordnung der Bewegung" erscheint ihm gerade deshalb geeignet, weil sie solch verschiedenartige Seiten des Phänomens zu fassen vermag. Gleichwohl fügt er weitere und zum Teil ausgeprägt eigenständig erscheinende Merkmale des Rhythmischen als wesentlich hinzu: die *Tondauern-* und *Akzentverhältnisse*, das *Tempo* sowie die rhythmische *Erwartung*[1].

In den Arbeiten von Neil Todd (z.B. 1994a und 1994b), einem Vertreter der neuesten Rhythmusforschung, rücken hingegen zwei andere Gesichtspunkte in den Mittelpunkt: die *Gruppierung* von rhythmischen Elementen zu Einheiten sowie die *Metrik* (hiermit sind regelmäßige Strukturen von schweren und leichten Taktteilen gemeint). Todd sieht in diesen beiden Merkmalen sogar eine *vollständige* Basis zur Beschreibung von musikalischem Rhythmus (Todd & Brown 1996, S. 254).

---
[1] Mit *rhythmischer Erwartung* bezeichnet man das Phänomen, daß Tonfolgen im Hörer zumeist eine Erwartung darüber aufbauen, *wann* der nächste Ton erklingen wird. Dies wird beispielsweise bei Synkopen deutlich, welche stets implizieren, daß eine solche Erwartung *nicht* erfüllt wird.

Mit dem metrischen Gesichtspunkt rückt das Phänomen der *Periodizität* in den Blickpunkt. „Irgendeine Art von intendierter oder erlebter Regelmäßigkeit auf einem irgendwie gearteten zeitmetrischen Niveau" nennt Ingmar Bengtsson (1975, S. 200), Begründer der renommierten Rhythmusforschung an der Universität Uppsala, als eine der Bedingungen des Rhythmischen. Bei den von Elliot (1986, S. 8/9) gesammelten Rhythmusdefinitionen sind zahlreiche Autoren zitiert, welche dem Gesichtspunkt der *Periodizität* eine zentrale Bedeutung einräumen.

Unübersichtlich werden die Verhältnisse jedoch nicht nur durch die Vielzahl der Aspekte, sondern auch dadurch, daß die diversen Aspekte des Rhythmischen offenkundig auf mannigfache Weise ineinander verwoben sind. Sie stellen keine voneinander unabhängigen Größen im Sinne von Dimensionen dar. So wirken sich beispielsweise die Tondauern zum einen auf die wahrgenommenen Gruppierungen aus (ein langer Ton markiert häufig das Ende einer Gruppe), nehmen zum anderen jedoch auch Einfluß auf den Tempoeindruck (je länger die Töne, desto langsamer erscheint das Tempo). Metrik und Gruppierung etwa sind aus bestimmter Perspektive zwar als quasipolare Größen zu sehen (hier die Regelmäßigkeit, dort das Ergebnis charakteristischer Gestaltung), tragen jedoch andererseits beide zum Vorhandensein von Ordnung bei. Die Liste solcher Beispiele von Verzahnung ließe sich mühelos fortsetzen, insgesamt wird die Komplexität deutlich, welche man in diesem Gewebe der Aspekte vorfindet.

Schwierigkeiten beim Definieren des Begriffs „Rhythmus", wie sie vielerorts beschrieben werden (ausführlich z.b. bei Motte-Haber 1968), können angesichts der Vielfalt und Verschiedenartigkeit der Phänomene und ihrer Verwebungen ineinander nicht erstaunen. Und so führt das Studieren solcher Definitionsversuche zu einem ähnlichen Resultat wie die Lektüre historisch orientierter Betrachtungen zur Rhythmusforschung (z.B. Seidel 1976), welche ebenfalls die ganze Bandbreite von Sichtweisen und Akzentuierungen zu enthüllen vermögen: Der Leser findet nicht zu einer Klarheit über den Begriff des Rhythmus im Sinne von definitorischer Strenge und Ökonomie, sondern zum Schauen einer hochkomplexen Materie, welche sich gegenüber einem wissenschaftlichen Denken in Kategorien widerspenstig zeigt. Diese Materie gleichwohl zu durchdringen, mag als eine Herausforderung für Musikwissenschaft, Musikpsychologie und Musiktheorie gesehen werden.

2. Periodizität

Die vorliegende Arbeit ist dem Aspekt der Periodizität gewidmet. Dessen Relevanz für die Rhythmusforschung ergibt sich unmittelbar aus der bedeutenden Rolle, welche Vorstellung und Begriff im Zusammenhang mit Rhythmus spielen, wie in den einleitenden Betrachtungen beschrieben. Das Verwobensein von Periodizität mit anderen zentralen Gesichtspunkten des Rhythmischen sei jedoch im folgenden noch ausführlicher beleuchtet.

Eine *metrische Struktur*, wie sie etwa in einem Dreivierteltakt vorhanden ist, kann als Überlagerung mehrerer Periodizitäten aufgefaßt werden: einer Periodizität auf Viertelnotenebene mit einer weiteren auf Dreiviertelnotenebene, wobei letztere die jeweilige Betonung auf der „Eins" repräsentiert. Auch eine Überlagerung von mehr als zwei solcher Schichten ist möglich, etwa wenn Nebenbetonungen vorkommen.

Der *Ordnungsaspekt* des Rhythmischen fußt zu einem wesentlichen Teil auf der Wiederkehr von ähnlichen Ereignissen in gleichen Zeitabständen, also auf Periodizität. Dieser ordnende Einfluß von gleichmäßigen Repetitionen wirkt sowohl auf der elementaren Ebene des Pulsschlages, des „Beats" einer Musik, als auch über die eine höhere Organisationsform darstellende metrische Struktur.

Der Zusammenhang von musikalischem *Tempo* und Periodizität ist offensichtlich, denn ein wahrnehmbares Tempo ist an die Wiederholung von musikalischen Ereignissen in weitgehend gleichmäßigen Zeitabständen gebunden. Daß über das Tempo auch eine Brücke von der Periodizität hin zum Aspekt des *Fließens* geschlagen ist, sei hier vermutet.

Eine weitere und bemerkenswerte Facette des Periodizitätsaspektes beleuchtet die Arbeit „The Stratification of Musical Rhythm" von Yeston (1976). Dort wird Musik im Hinblick auf das Vorhandensein rhythmischer Schichten, sogenannter „strata", analysiert (zur Definition des Begriffs siehe S. 38). Diese konstituieren sich, wenn (nach irgendeinem musikalischen Kriterium) *zusammengehörige* Ereignisse in gleichen Zeitabständen[2] aufeinanderfolgen. Einfache Kombinationen solcher Schichten mit Relationen von 1:2 oder 1:3 ergeben metrische Strukturen (S. 66), es können jedoch auch kompliziertere Überlagerungen auftreten: Schichten gleicher Periodenlänge (1:1), die aber gegeneinander verschoben sind (S. 50), oder auch Relationen wie 2:3 (S. 68), 3:4 (S. 116/117) oder 2:5 (S. 132/133). Solch komplexe Schichtungen scheinen geradezu ein Merkmal musikalisch interessanter Gestaltung zu sein. Yeston formuliert dies zwar nicht explizit, die zahlreichen von ihm analysierten Beispiele legen jedoch eine solche Vermutung nahe. Und somit nähern wir uns über den Weg der zunächst so regelhaft und „ordnungsstiftend" erscheinenden Periodizität erstaunlicherweise dem Aspekt der freien Gestaltung, welcher im eingangs zitierten Lexikonartikel dem Ordnungsaspekt quasi polar gegenübergestellt wird. Die Relevanz von Periodizität für die Rhythmusforschung erscheint an dieser Stelle in einem neuen, überraschenden Licht.

---

[2] Yeston läßt zusätzlich auch ungleiche Zeitabstände zu, er spricht dann von „irregulären Strata" (S. 56-58). Damit ist der Bereich der Periodizität verlassen, diese irregulären Strata spielen in seinen Untersuchungen jedoch eine vergleichsweise geringe Rolle.

3. Oszillation

In der neueren musikpsychologischen Forschung erscheint der Begriff der *Oszillation* (z.b. bei Gjerdingen 1989, 1992, 1993; Miller, Scarborough & Jones 1992; Large 1994; Large & Kolen 1994; Epstein 1995). Dieser Begriff ist eng an den Aspekt der Periodizität gebunden, markiert jedoch einen Wechsel der Perspektive: Sind Periodizitäten *Eigenschaften* des akustischen oder musikalischen „Materials", so sind Oszillationen *Vorgänge* der Wahrnehmung, welche durch die Periodizitäten in der Musik ausgelöst werden. Solche Vorgänge rein theoretisch zu postulieren, sie lediglich als nützliche Bestandteile eines Modells zur Erklärung von Wahrnehmungsleistungen zu nehmen, wäre grundsätzlich legitim. Doch die Annahme konkreter neuronaler Prozesse ist durchaus plausibel: Die Hirnforschung hat die Existenz periodischer Vorgänge in den verschiedensten Zusammenhängen nachgewiesen und benutzt auch den Begriff der Oszillation (siehe hierzu etwa Dudel, Menzel & Schmidt 1996, S. 367 und S. 519-537).

Die eine Oszillation ausführenden Einheiten werden „Oszillatoren" genannt. Im Falle von musikpsychologischer Modellbildung sind dies abstrakte Einheiten, deren Verhalten im Computer simuliert wird. Diese Oszillatoren erfüllen in gewissem Sinne ein Doppelfunktion: Zum einen sind sie *Ausführende* einer modell*internen* periodischen Aktivität; andererseits jedoch führen sie diese Eigenaktivität stets nur als Reaktion auf periodischen Input aus, agieren also als *Detektoren externer* Periodizitäten. Aufgrund der Eigenschaft einer periodischen Eigenaktivität kommt automatisch ein *Bewegungsaspekt* in die Modellbildung mit hinein: Oszillatoren führen eine Oszillations*bewegung* aus.

Die gleichsam „dynamische" Sichtweise von Periodizität, wie sie im Begriff der Oszillation zum Ausdruck kommt, hat Konsequenzen für den Bereich der potentiell erklärbaren Phänomene. Geht man doch davon aus, daß die einmal stimulierte Oszillation mit dem Ende der Periodizität in der Musik nicht schlagartig stoppt, sondern noch eine gewisse Zeit (mit abnehmender Intensität) fortwirkt, also gleichsam „ausschwingt". Diese Eigenschaft von Oszillationen ist es, welche die Annahme begründet, das Phänomen der in die „Zukunft" ausgreifenden rhythmischen *Erwartung* erklären zu können (siehe z.B. Desain 1992; Large 1994; Large & Kolen 1994). Die Tatsache, daß Musikern in der Regel ein gut synchronisiertes Zusammenspiel gelingt, fällt damit ebenfalls in den Erklärungsbereich von Oszillationstheorien – direkt oder vermittels von Erwartung (Fraisse 1982, S. 154/155). In diesem Zusammenhang gerät auch das Phänomen der in bestimmten Situationen periodisch fluktuierenden *Aufmerksamkeit* in den Blickpunkt (z.B. Gjerdingen 1989, S. 78). Eine zentrale Rolle nimmt dieser Gedanke in den Arbeiten von Jones ein (z.B. Jones & Boltz 1989; Jones 1992 und Jones & Yee 1993), wo zwar der Begriff der Oszillation nicht erscheint, jedoch die Vorstellung von periodischen Vorgängen im Zusammenhang mit Aufmerksamkeit offenkundig zugrundeliegt. Alle theoretischen Ansätze, bei denen die Annahme eines periodisch weiterwirkenden Vorgangs von zentraler Bedeutung ist, sind im Sinne des hier verwendeten Begriffsverständnisses „Oszillationstheorien", unabhängig davon, ob dieser Terminus Verwendung findet.

Der Begriff der Oszillation ist im deutschen Sprachbereich bislang kaum verbreitet. Laut Duden-Fremdwörterbuch (Mannheim u.a. 1982) ist das Wort aus dem Lateinischen abgeleitet, bedeutet dort „das Schaukeln" und kann als Synonym für „Schwingung" verwendet werden. Das Wort „Schwingung" erscheint jedoch stark mit der Vorstellung einer *kontinuierlichen* Hin-und-Her-Bewegung verbunden zu sein, während der Begriff der „Oszillation" auch andere periodische Vorgänge mit einschließt. So würde man beispielsweise das periodische Aufleuchten einer Lampe wohl kaum als eine Schwingung bezeichnen, aber durchaus als eine Oszillation. Diese weitergespannte Bedeutungsaura des Begriffs der „Oszillation" begründet seine Eignung zur Bezeichnung der hier in Betracht stehenden Vorgänge.

B. Fragestellung

Man betrachte die Tonfolge aus Abbildung 1.1 und stelle sie sich von einem Perkussionsinstrument gespielt vor.

Abb. 1.1

Welche Periodizitäten enthält diese Tonfolge? Offenbar gibt es hiervon zwei: eine auf Viertelnotenebene (von Ton zu Ton) und eine andere auf Halbnotenebene (von Betonung zu Betonung). Man stelle sich nun vor, die Lautstärke der unbetonten Noten würde schrittweise verringert. Was geschähe mit diesen beiden Periodizitäten? Offensichtlich nähme die „Gewichtigkeit" oder „Stärke" der Viertelnotenperiodizität dadurch immer mehr ab, und der Gesamteindruck würde zunehmend von der Halbnotenperiodizität dominiert werden. Im Extremfall, nämlich bei einer Lautstärke „null" der unbetonten Noten, verschwände die Viertelnotenperiodizität vollständig. Umgekehrt wäre es möglich, durch ein Anheben der Lautstärke der unbetonten Töne die Stärke der Halbnotenperiodizität zu reduzieren. Offensichtlich ist es also möglich und sinnvoll, den verschiedenen Periodizitäten einer bestimmten Tonfolge Stärkegrade zuzuordnen.

Abbildung 1.2 zeigt die Noten des sogenannten „Soccer"-Rhythmus. Was können wir über die Periodizitäten dieser nicht mehr nur aus gleichen Tönen bestehenden Folge sagen?

Abb. 1.2

Das Vorhandensein von Viertelnoten weist auf die Existenz von Viertelnotenperiodizität hin. Aber liegt diese nur an denjenigen Stellen vor, wo tatsächlich Viertel gespielt werden oder auch dort, wo Achtelnoten auftreten? Gibt es über die Viertel- und Achtelnotenperiodizität hinaus weitere Periodizitäten? Die Halb- und Ganznotenebene kommen aufgrund des Vierviertaktes in Betracht; sind aber jenseits hiervon noch weitere Periodizitäten in Erwägung zu ziehen? Wie sieht es insgesamt mit den Stärkegraden aus? Welchen Einfluß auf Periodizitäten und ihre Stärkegrade hat die Synkope im zweiten Takt?

Die konkrete Ausführung des Rhythmus wäre bei der Beantwortung dieser Fragen sicher zu berücksichtigen; das Beispiel aus Abbildung 1.1 zeigte bereits, daß die Lautstärkegestaltung für die Wahrnehmung von Periodizitäten von Belang ist. Nehmen wir jedoch die Eigenschaften einer konkreten Ausführung hinzu, so sehen wir uns mit einer weiteren Schwierigkeit konfrontiert: Welchen Einfluß nämlich nehmen eventuelle Timing-Schwankungen oder Ungenauigkeiten eines Musikers auf die Periodizitäts-Wahrnehmung? All diese Überlegungen zeigen: Bereits die Betrachtung eines so einfachen Beispiels wie des Soccer-Rhythmus führt zu Fragen, auf die keine einfachen Antworten mehr möglich sind.

Faßt man nun die einleitenden Überlegungen, welche generell die Relevanz von Periodizität für den musikalischen Rhythmus aufzeigen, mit den Betrachtungen zu den Beispielen hier zusammen, so ergibt sich daraus die zentrale Fragestellung dieser Arbeit:

Welche Periodizitäten enthält eine konkrete Tonfolge? Welche Stärkegrade sind ihnen zuzuordnen?

Nimmt man die gleichsam „dynamische" Sichtweise ein und spricht von Oszillationen, so ist dies zu formulieren als:

Welche Oszillationen werden durch eine konkrete Tonfolge stimuliert? Welche Stärkegrade weisen sie auf?

Unterstrichen sei an dieser Stelle, daß die Frage nach den Periodizitäten/Oszillationen nicht im mathematischen oder physikalischen Sinne zu verstehen ist. Sie wird hier im Zusammenhang mit musikalischem Rhythmus gestellt und zielt folglich auf die beim Hören von Tonfolgen *wahrgenommenen* Periodizitäten beziehungsweise auf die *im Hörer* stimulierten Oszillationen. Hier also liegt auch der Maßstab, nach dem alle Antworten auf diese Frage zu bewerten sein werden.

C. Bisherige Ansätze

1. Übersicht

Seit den siebziger Jahren wurden eine Reihe von musikpsychologischen Studien durchgeführt, welche der Entwicklung von periodizitätsdetektierenden Verfahren gewidmet sind, so zum Beispiel die Arbeiten von Longuet-Higgins & Lee (1982), Povel & Essens (1985), Rosenthal (1992), Miller, Scarborough & Jones (1992), Brown (1993), Parncutt (1994), Large (1994)[3], Todd & Brown (1996)[4] und Toiviainen (1997). Eine Auflistung und kurze Charakterisierung weiterer Studien findet sich bei Toiviainen (1997, S. 511/512). Ausgangspunkt all dieser Arbeiten ist die Frage nach den Kognitionsprozessen, welche der Fähigkeit eines Hörers zugrunde liegen, in einer zeitlichen Abfolge von musikalischen Ereignissen eine metrische Struktur wahrzunehmen. Alle genannten Autoren fassen solche metrischen Strukturen als Überlagerungen von Periodizitäten auf (in I.A.2 wurden solche Überlagerungen bereits erläutert), mithin folgt aus der Fragestellung dieser Studien die Notwendigkeit einer Periodizitätsdetektion. Allerdings wird hierbei lediglich nach den für die *Metrik* relevanten Periodizitäten gesucht, die Ansätze erfolgen also aus einem etwas engeren Blickwinkel heraus, als er der Fragestellung der vorliegenden Arbeit entspricht.

Die Methode der genannten Autoren besteht darin, eine Computersimulation der betreffenden Wahrnehmungsprozesse zu entwickeln. Als Input dienen hierbei die Daten von Tonfolgen, wobei diese Daten mindestens die Information über die zeitlichen Positionen der Töne enthalten müssen. Das Computerprogramm versucht, hieraus die metrische Struktur der Tonfolge abzuleiten. Dazu werden die im Stück vorkommenden Periodizitäten detektiert und diese nach bestimmten Kriterien gewichtet, ihnen also Stärkegrade zugeordnet. Hierbei prüft man häufig auch Möglichkeiten, die einem menschlichen Betrachter ziemlich fernliegend erscheinen, beispielsweise im Falle eines Dreivierteltaktes auch die Periodizität im Halbnotenabstand (diese erhält dann jedoch nur eine sehr geringe Gewichtung). „Harmonieren" zwei oder mehr von den starken dieser Periodizitäten miteinander, das heißt, bilden ihre Periodenlängen Verhältnisse von 1:2, 1:3 oder 1:4, so ergibt sich daraus die metrische Struktur des Stückes, beispielsweise ein Zweiviertel-, Dreiviertel- oder Vier-

---

[3] Einen guten Überblick über das Verfahren von Large erhält man auch bei Large & Kolen (1994).
[4] Todd, O'Boyle & Lee (1999) arbeiten mit sehr ähnlichen Algorithmen wie Todd & Brown (1996). Eine Weiterentwicklung liegt insofern vor, als Bezüge zu Mechanismen hergestellt werden, die mit der Steuerung menschlicher Bewegungsvorgänge in Verbindung stehen.

vierteltakt[5]. In vielen Fällen errechnet das Programm eine eindeutige „Lösung", manchmal ergeben sich aber auch mehrere Alternativen. Gelegentlich wird diese Vorgehensweise auch als ein „Testen von Hypothesen" (z.B. Rosenthal 1992, S. 72) bezeichnet, wobei eine „Hypothese" für eine ganz bestimmte metrische Interpretation der Tonfolge steht.

Allen erwähnten Verfahren ist die grundlegende Eigenschaft gemeinsam, in Tonfolgen nach Periodizitäten zu suchen und diese zu gewichten. Die Verfahren unterscheiden sich jedoch bezüglich der Art des Inputs, welcher verarbeitet werden kann, und differieren erheblich in den zum Detektieren und Gewichten der Periodizitäten verwendeten Algorithmen. Die Studien enthalten zudem in Art und Umfang unterschiedliche Darstellungen der Ergebnisse. Die Arbeiten spiegeln in gewissem Maße auch zugrundeliegende rhythmustheoretische Vorstellungen der Autoren; zudem werden verschieden weitreichende Perspektiven der jeweiligen Arbeit für eine Theorie des Rhythmus formuliert. Diese Aspekte seien im folgenden beleuchtet.

2. Einzelaspekte

a) Input

Die Verfahren von Todd & Brown (1996) und Toiviainen (1997) besitzen bezüglich des Inputs die größte Flexibilität, da sie beliebige Audiosignale verarbeiten. In beiden Fällen ist eine Art Onset-Detektion vorgeschaltet; dies ist eine Prozedur, welche diejenigen Zeitpunkte im Musikstück ausfindig macht, an denen Töne *beginnen*. Bei Todd & Brown ist diese Detektion an neurobiologischen Erkenntnissen über die auditive Wahrnehmung orientiert (S. 256/257), bei Toiviainen handelt es sich um eine eher pragmatische Vorgehensweise (S. 512/513). Beide Verfahren können also reale Performances mit Timingschwankungen analysieren. Dies gilt gleichfalls für die Computersimulationen von Rosenthal (1992), Brown (1993) und Large (1994), dort muß jedoch zuvor extern eine Onset-Detektion durchgeführt werden. Die übrigen Verfahren verarbeiten nur einfach-ganzzahlige Tondauerrelationen, wie sie etwa in einem Notentext gegeben sind.

Die Lautstärkerelationen der Töne werden ausschließlich bei Todd berücksichtigt, mehrere der anderen Autoren erwähnen diesen Gesichtspunkt jedoch als Perspektive (z.B. Large 1994, S. 119). Aspekte der Melodik, Harmonik und Klangfarbe bleiben unberücksichtigt; dies entspricht dem insgesamt noch wenig fortgeschrittenen Stand der Rhythmusforschung, welcher das Arbeiten mit

---

[5] Zusätzlich zu dem einfachen Verhältnis zwischen den Periodizitäten wird noch eine Übereinstimmung in der Phase verlangt. Zum Begriff der Phase siehe die Erläuterungen in Abschnitt II.A.2.

möglichst übersichtlichen Verhältnissen geraten erscheinen läßt. Das Testen der Verfahren an Beispielen vollentwickelter Musik, wie es in den erwähnten Studien teilweise geschieht (z.B. Miller, Scarborough & Jones 1992; Rosenthal 1992; Brown 1993), muß dann allerdings als problematisch angesehen werden, weil man damit zu rechnen hat, daß dort die Wahrnehmung metrischer Strukturen von den anderen Parametern erheblich beeinflußt wird.

b) Algorithmen

Für die Verfahren von Povel & Essens (1985), Rosenthal (1992), Miller, Scarborough & Jones (1992) und Parncutt (1994) läßt sich die Prozedur auf einen einfachen Nenner bringen: Untersucht werden all diejenigen Periodizitäten, welche durch die Zeitabstände der Töne voneinander, also durch die Inter-Onset-Intervalle, vorgegeben sind. Hierbei berücksichtigt man nicht nur die direkt benachbarten, sondern auch weiter voneinander entfernte Töne. Zur Kalkulation der jeweiligen Gewichtung wird die *Zahl* der Töne genommen, welche mit der betreffenden Periodizität koinzidieren, wobei zusätzlich noch die *Länge* eines Tones als Faktor mit eingeht. Grundsätzlich gilt: Je höher die Gesamtkoinzidenz, desto größer ist das Gewicht, die Stärke der betreffenden Periodizität. Dieser Rechenprozedur wird bei Miller, Scarborough & Jones sowie bei Parncutt noch ein Algorithmus nachgeschaltet, welcher zu einer „Bevorzugung" von Periodizitäten mittlerer Länge (um 600 ms) führt.

Bei Longuet-Higgins & Lee (1982) liegt der Typus des hypothesentestenden Verfahrens in einer sehr ausgeprägten Form vor: Das Computerprogramm „hangelt" sich Ton für Ton durch die Folge und generiert, prüft, bestätigt oder verwirft Hypothesen über die metrische Struktur in einem permanenten, kreislaufartigen Prozeß.

Brown (1993) verwendet den aus der Mathematik bekannten Algorithmus der *Autokorrelation*. Getestet und gewichtet werden damit nicht nur im Input enthaltene Periodizitäten, sondern gleichsam flächendeckend ein ganzes Spektrum von Periodenlängen zwischen 0 und 3 Sekunden. Hierdurch gewinnt das Verfahren die notwendige Flexibilität zur Verarbeitung realer Performances. Aus musikalischer Sicht unplausibel sind allerdings die starken Gewichtungen zahlreicher Periodizitäten, welche aus einem höherzahlig Vielfachen der in der Tonfolge enthaltenen Längen bestehen. Handelt es sich beispielsweise um ein Stück mit überwiegend durchgehenden Viertelnoten, so erzielen auch die Periodenlängen von fünf, sechs, sieben, acht oder neun Vierteln regelmäßig hohe Werte. Das starke Auftreten dieser sogenannten „Unterschwingungen" oder „Subharmonics" ist eine Eigenschaft der Autokorrelation; ihre Anwendung im Bereich von Musik erscheint aus diesem Grunde problematisch.

Eine flächendeckende Analyse von Periodizität findet sich auch bei Todd & Brown (1996), hier jedoch an ein ganz andersartiges mathematisches Verfahren gekoppelt: Die Timing- und Lautstärkeinformationen werden durch eine Bank von relativ schmal eingestellten *Bandpaßfiltern* geschickt, welche jeweils auf die Periodizitäten nur ganz bestimmter Ausdehnungen reagieren. Insgesamt 60 Filter sind logarithmisch über einen Bereich verteilt, der Periodizitätsausdehnungen zwischen 0.05 und 2 Sekunden umfaßt. Ebenso wie bei Brown ist es hiermit möglich, beliebige Performances zu untersuchen. Infolge der sehr geringen Zahl an dargestellten Beispielen ist es allerdings schwierig, das Verhalten des Systems in anderen Fällen abzuschätzen und damit seine Leistungsfähigkeit zu beurteilen. Generell scheint sich das Verfahren von Todd & Brown von allen anderen Prozeduren darin zu unterscheiden, daß es *keine* Periodizitäten anzeigt, welche ein *Vielfaches* der in der Musik enthaltenen Distanzen umfassen – es sei denn, diese werden durch die Lautstärkegestaltung speziell akzentuiert. Dies befände sich nicht im Einklang mit dem Phänomen der subjektiven Rhythmisation, welches beinhaltet, daß selbst in Folgen absolut gleichlauter und gleichlanger Töne Betonungen auf jedem zweiten, dritten oder vierten Ton wahrgenommen werden, mithin also eine Periodizität von einem Mehrfachen des Pulsschlages empfunden wird.[6]

Large (1994) beschreitet einen grundlegend andersartigen Weg. Bei ihm erfolgt kein Detektieren von Periodizitäten fixierter Länge, sondern es wird eine kleine Gruppe von Einheiten, sogenannten „Oszillatoren" bereitgehalten, welche die Eigenschaft besitzen, sich flexibel in periodisch aufeinanderfolgende Ereignisse „einzuklinken" und auch gewisse Temposchwankungen mitzuvollziehen. (Auch diese Oszillatoren werden rein mathematisch im Rechner simuliert.) Ein solcher Ansatz hat den bemerkenswerten Vorzug, die offenkundige Unifizierungskraft der menschlichen Wahrnehmung bei Temposchwankungen nachzubilden: Eine Folge von Viertelnoten etwa wird vom Hörer auch bei Temposchwankungen noch als einheitlicher Strom „gleicher" Elemente gehört. Im Modell von Large spiegelt sich dies in dem Umstand, daß es auch unter Schwankungen *ein* Oszillator bleibt, welcher diesem Ereignisstrom folgt, wohingegen bei Todd & Brown in einem solchen Fall verschiedene, einander benachbarte Einheiten aktiviert werden. Als Nachteil ist jedoch die Langsamkeit zu konstatieren, mit welcher Larges Oszillatoren die Tempoanpassung vollziehen, wodurch das System hinter den menschlichen Wahrnehmungsleistungen weit zurückbleibt (die ausführliche Diskussion eines solchen Falles findet sich bei Kopiez 1997, S. 111-114). Ein subtileres Problem ergibt sich im Zusammenhang mit dem sogenannten „2:1-Phänomen", der regelmäßigen Verkürzung der längeren Note in einer Notenwertfolge 2:1 in einem ternären Zusammenhang, wie sie von Musikern regelmäßig intuitiv vorgenommen wird (siehe z.B. Gabrielsson 1987). Werden nun die Oszillatoren aus dem Large-Modell

---

6 Nähere Informationen zu diesem auch als Tik-Tak-Effekt bezeichneten Phänomen finden sich z.B. bei Fraisse (1982, S. 155).

mit solchen Timingschwankungen konfrontiert, gerät der zuständige Oszillator völlig aus dem Tritt (Large 1994, S. 102 und 104). Dies steht im Widerspruch zum ganz natürlichen Höreindruck solcher Passagen, welche keineswegs den Anschein von Ungenauigkeit oder gar Konfusion aufkommen lassen. Ob eine entscheidende Verbesserung des Modells bezüglich dieser Punkte möglich wäre, kann hier abschließend nicht beurteilt werden. Art und Ausmaß seines „Fehlverhaltens" in den angeführten Fällen lassen hier jedoch Skepsis angebracht erscheinen.

Das Modell von Toiviainen (1997) ist als Fortentwicklung der Arbeiten von Large zu sehen, wobei die Verbesserungen in der zusätzlichen Implementierung subharmonischer Oszillatoren bestehen, dadurch wird eine verbesserte Takterkennung erreicht. Die angesprochenen Mängel des Modells mit flexibler Tempoanpassung bleiben hierbei bestehen.

Einige der erwähnten Studien enthalten Modelle, in die Wechselwirkungen zwischen verschiedenen Periodizitätsdetektoren implementiert sind. (Longuet-Higgins & Lee 1982, Rosenthal 1992, Miller, Scarborough & Jones 1992, Toiviainen 1997). Diese Wechselwirkungen bestehen zumeist aus gegenseitiger Verstärkung solcher Detektoren, welche mit ihren Periodenlängen ein einfach-ganzzahliges Verhältnis zueinander haben, insbesondere dann, wenn sie die Relationen 1:2 oder 1:4 aufweisen. Diese gegenseitigen Stimulationen tragen der besonderen Bedeutung solcher Zahlenverhältnisse zumindest in der Rhythmik europäischer Musik Rechnung. Wechselwirkungen zwischen Einheiten eines Modells sind aus dem sogenannten „Konnektionismus" bekannt, d.h. aus der Simulation von Gehirnvorgängen mit Hilfe Neuronaler Netze, von daher sind sie auch bei den genannten Autoren (mit Ausnahme von Longuet-Higgins & Lee) inspiriert. Die Implementation dieser Mechanismen erscheint plausibel, auch Large (1994, S. 119), Large & Kolen (1994, S. 203/204) und Parncutt (1994, S. 443-445) sprechen von der Möglichkeit der weiteren Verbesserung ihrer Modelle auf diesem Wege.

Ein wichtiger Aspekt zur Beurteilung der Verfahren ist ihre „Online-Tauglichkeit". Damit ist die Eignung der Algorithmen gemeint, entlang des Zeitablaufs eines Musikstücks ausgeführt zu werden und zu jedem gewünschten Zeitpunkt einen Output zu tätigen. Diese Eigenschaft fehlt den Verfahren von Povel & Essens (1985), Rosenthal (1992), Brown (1993) und Parncutt (1994); die hier verwendeten Algorithmen können erst *nach* Ablauf des Stückes ausgeführt werden. Dieser Nachteil wäre natürlich durch die Wahl von kleineren Musikausschnitten und deren separate Berechnung zu minimieren, gleichwohl bleibt eine gewisse Diskongruenz mit dem Verhalten der menschlichen Wahrnehmung, welche offensichtlich und mit hoher Präzision „online" arbeitet. Hierin dürfte auch ein Grund dafür liegen, daß die mathematischen Standardverfahren zur Periodizitätsdetektion, nämlich die Fourier-Transformation, die Autokorrelation und die Wavelet-Analyse[7] im Zusammenhang mit Rhythmus eine relativ geringe Rolle spielen. Alle drei Verfahren berücksichtigen nicht genügend das Faktum der Kausalität, also die Tatsache, daß der Jetzt-Zustand in einem musikalischen Wahrnehmungsvorgang viel stärker von der Vergangenheit als von der Zukunft bestimmt wird, daß also keine Spiegelsymmetrie zwischen „vorher" und „nachher" vorliegt. Auf einer solchen Symmetrie jedoch beruhen die genannten Verfahren, wodurch ihre Tauglichkeit zum Simulieren von Wahrnehmungsvorgängen eingeschränkt wird. Modifizierungen dieser Standardalgorithmen in Richtung einer Asymmetrie in der Zeit sind allerdings grundsätzlich möglich; ein Beispiel hierfür ist die Studie von Langner & Kopiez (1995), in welcher eine Vorläuferversion des im Rahmen dieser Arbeit vorgestellten Modells beschrieben wird.

c)   Output und Ergebnisse

Der Leser wird häufig lediglich darüber informiert, zu welcher „Lösung" das Programm fand, nicht aber, welche Gewichtungen den anderen Möglichkeiten einer metrischen Struktur vom Verfahren zugeordnet werden. Aus erweitertem Blickwinkel, so wie er der allgemeineren Frage nach den Periodizitäten eines Rhythmus zugrunde liegt, sind jedoch auch die nur schwächer gewichteten Alternativen von Interesse. Besonders informativ sind die Angaben bei Parncutt (1994), wo sich hierzu eine lückenlose tabellarische Übersicht (S. 416/417) findet, welche auch die aus musiktheoretischer Sicht überraschenden oder anscheinend „absurden" metrischen Interpretationen einschließt. Auch die Graphiken bei Brown (1993) enthalten sehr viele Informationen, wenn auch in schwer lesbarer Form.

Bei den onlinetauglichen Verfahren ist zusätzlich ein Überblick über die *zeitliche Entwicklung* des Modellverhaltens von Interesse. Dieser wird zumeist graphisch gegeben, so etwa bei Miller, Scarborough & Jones (1992, S. 442/443), Todd & Brown (1996, S. 271) oder Toiviainen (1997, S. 516), dort jeweils für einige wenige Beispiele oder aber umfangreicher bei Large (1994, S. 96-110).

Die Leistungsfähigkeit der Verfahren für eine allgemeine Periodizitätsdetektion ist für den Leser oft schwierig abschließend zu bewerten, da hierfür die Zahl der vorgestellten Beispiele und/oder die hierzu gegebenen Informationen zu gering sind. Die überwiegende Zahl der Beispiele zeigt, daß die Modelle musikalisch plausible Ergebnisse erbringen oder aber an Musikstücken mit deutlicher Ambiguität „scheitern" (z.B. Rosenthal 1992, S. 72). Als Gesamteindruck bleibt folglich, daß mit den Verfahren Ausschnitte der Wahrnehmungswirklichkeit eingefangen werden.

---

[7]   Nähere Informationen zur Fourier-Transformation und zur Autokorrelation findet man z.B. bei Box & Jenkins (1976, S. 23-45), zur Wavelet-Analyse bei Strang (1994).

d) Überprüfung der Modelle

Überprüfungsexperimente mit Versuchspersonen sind Bestandteil der Studien von Povel & Essens (1985), Miller, Scarborough & Jones (1992) und Parncutt (1994). Methodisch tut sich hierbei eine weite und interessante Spanne auf: von direkter Messung per Tapping (Parncutt, Experiment 1) bis hin zur sehr indirekten Methode des Einschätzens der Komplexität von Rhythmen (Povel & Essens, Experiment 3).

Das Tapping-Experiment von Parncutt ergibt einerseits eine gute Übereinstimmung mit den errechneten Werten (die Korrelation liegt oberhalb von 0.85), zeigt andererseits aber, daß die Versuchspersonen ihr Tapping zuweilen noch „absurder" setzen (aus musiktheoretischer Sicht betrachtet) als es das Modell „voraussieht". Man siehe hierzu etwa die Reaktionen auf den Dreivierteltakt-Rhythmus „Waltz" (S. 416), unter denen Tappings in Halben vorkommen und sogar solche in Dreiviertelnoten, welche mit keinem der gespielten Töne koinzidieren! (Diese Ergebnisse mögen als Hinweis darauf gedeutet werden, daß bezüglich der Wahrnehmung von Periodizität nicht alles so „klar" ist, wie es auf den ersten Blick zu sein scheint.)

Die meisten der genannten Studien beschränken sich auf Plausibilitätsprüfungen oder vergleichen den Output ihrer Verfahren lediglich mit der notierten Taktart des Musikstücks.

3. Rhythmustheoretische Vorstellungen und Anwendungsperspektiven

Alle diskutierten Studien enthalten mehr oder weniger deutlich die Vorstellung von *Oszillationen*. Sie fußen nämlich auf der Annahme, daß eine irgendwo im Musikstück vorgefundene Zeitstrecke, also jedes Inter-Onset-Intervall, nicht nur am Ort seines Erklingens von Bedeutung ist, sondern mehr oder weniger in das Stück fortwirken kann, und zwar auf periodische Weise, also gleichsam „weiterzuschwingen" vermag. Diese Annahme liegt ausgesprochen oder unausgesprochen zugrunde, denn andernfalls wäre beispielsweise die Suche nach der Koinzidenz mit weiteren Ereignissen nicht sinnvoll. Auch Browns (1993) Autokorrelationsmechanismus impliziert die Annahme eines „Weiterwirkens" periodischer Strukturen über Lücken hinweg, sonst wäre es nicht plausibel, Globalwerte für ein ganzes Stück zu berechnen. Diese „dynamische" Vorstellung im Zusammenhang mit Periodizität konstituiert die „geistige Nachbarschaft" zu Oszillationsmodellen auch derjenigen Ansätze, bei denen der Oszillationsbegriff nicht erscheint. (Explizit von „Oszillationen" gesprochen wird von Miller, Scarborough & Jones (1993), Large (1994) und Toiviainen (1997)).

Bei den meisten Autoren ist deutlich die Vorstellung von der Existenz einer „richtigen Lösung" herauszuhören, welche zu finden die Aufgabe des Verfahrens sei. Diese „richtige Lösung" ist diesem Verständnis zufolge genau diejenige metrische Struktur, welche der Hörer wahrnimmt. Die Formulierung von dem „Testen der Hypothesen", so zu finden bei Longuet-Higgins & Lee (1982, S. 118), Rosenthal (1992, S. 72) oder Miller, Scarborough & Jones (1992, S. 431) beispielsweise verrät diese Tendenz, denn sie suggeriert eine Alternative von „wahr" und „falsch". Brown (1993) sieht das Ziel seines Algorithmus im Auffinden der „correct position of the measure as notated in the score", wie es in den Abbildungserläuterungen (S. 1954-1956) heißt, und Toiviainen (1997, S. 512) spricht von den „competing adaptive oscillators" und dem „winner", welcher dann mit der von Hörern wahrgenommenen metrischen Struktur zu identifizieren ist.

Zwar räumen alle Autoren mehr oder weniger explizit die Möglichkeit von Ambiguität ein, daß diese jedoch nicht nur ein Hindernis auf dem Wege zum Auffinden der metrischen Struktur sein könnte, sondern eine bemerkenswerte musikalische Qualität, wird selten deutlich gemacht. Dieser Gedanke erscheint bei Povel & Essens (1985), die einen Zusammenhang zwischen Ambiguität und dem Höreindruck von Komplexität sehen und diesen Zusammenhang in einem Experiment bestätigt finden (S. 432-436), und in einem weiteren Aufsatz von Longuet-Higgins & Lee (1984, S. 424). Besonders nachdrücklich aber wird eine solche Position von Parncutt (1994, S. 423) vertreten, der metrische Mehrdeutigkeit als eine natürliche Eigenschaft von Rhythmus, als quasi den Normalfall erachtet. Hier deutet sich erneut der schon bei Yeston (1976) präsente Gedanke an, daß die volle musikalisch bedeutsame Realität möglicherweise genau in dem *gewichteten Nebeneinander* diverser Periodizitäten liegen könnte. (Demnach wäre zu bedenken, ob Entscheidungen für eine bestimmte metrische Interpretation nicht eher musiktheoretische Konstrukte als Gegebenheiten der Wahrnehmung sind.)

Allen Autoren der erwähnten Studien ist gemeinsam, daß sie mit ihren Verfahren nicht allein ein verbessertes Verständnis der Wahrnehmung von metrischen Strukturen anstreben, sondern ihre Arbeiten darüber hinaus als Beiträge zur Rhythmusforschung mit weiterführenden Implikationen ansehen. Bereits der Hinweis auf das Phänomen „Synkope" (Miller, Scarborough & Jones 1992, S. 430), welches nur vor dem Hintergrund einer existierenden Taktstruktur zu verstehen sei, verweist auf diesen Zusammenhang. Todd & Brown (1995, S. 254) halten, wie bereits in der Einleitung erwähnt, die Metrik für einen der beiden fundamentalen Aspekte von musikalischem Rhythmus überhaupt – neben dem Gesichtspunkt der Gruppierung, dem die andere Hälfte ihrer Studie sowie weitere Arbeiten gewidmet sind (z.B. Todd 1994b). Als Anwendungsbereiche ihres Verfahrens nennen sie sehr allgemein die Erforschung von Rhythmus in Musik *und* Sprache, speziell wird es auch zur Erklärung psychoakustischer Phänomene vorgeschlagen. Parncutt (1994) räumt weiterführenden rhythmustheoretischen Überlegungen auf der Basis seines Modells einen breiten Raum ein (ab S. 442), hierbei macht er insbesondere auch Vorschläge zur Erklärung des 2:1-Phänomens (S. 448/449), schließlich gelangt er zu einer neuen Definition von Rhythmus (S. 453).

In jedem Falle weisen solch weiterführende Diskussionsbeiträge der Autoren auf die fundamentale Bedeutung hin, welche dem Aspekt der Periodizität für den Rhythmus zugeschrieben wird. Dies befindet sich in guter Übereinstimmung mit den einleitenden Überlegungen dieses Kapitels, welche die Relevanz eben dieses Aspektes herausgestellt haben.

D. Zur Vorgehensweise

1. Modell

Der hier vorgestellten Arbeit ging die grundsätzliche Entscheidung für ein *Oszillations*modell als Mittel zur Periodizitätsdetektion voraus. Die ausschlaggebenden Gründe hierfür waren der in Abschnitt A.3 diskutierte erweiterte Anwendungsbereich eines solchen Modells gegenüber einem statischen Detektionsverfahren sowie der auf diese Weise von vornherein integrierte Bewegungsaspekt, dessen Einbindung dem im Vorwort skizzierten Gesamtrahmen des Forschungsvorhabens entspricht.

Als ein Ergebnis der bisherigen Überlegungen und Betrachtungen werden die folgenden Vorgaben für die Modellbildung formuliert:

1. Die Modellrechnung im Computer soll grundsätzlich als zeitlicher Prozeß parallel zum Ablauf eines Musikstücks durchführbar sein, denn die Wahrnehmung von Musik erfolgt in dieser Weise.
2. Das Verfahren soll die Verarbeitung von realen Performances mit Timing-Schwankungen ermöglichen. Der Anwendungsbereich wäre andernfalls stark eingeschränkt. Aus dieser Vorgabe folgt die Verwendung entweder von Oszillatoren mit flexibler Tempoanpassung oder eines flächendeckenden Spektrums von festeingestellten Oszillatoren.
3. Die Entscheidung fällt hierbei zugunsten von festeingestellten Oszillatoren. Die Arbeiten von Large (1994) zeigen deutlich die Mängel des alternativen Ansatzes mit flexiblen Einheiten.
4. Die Lautstärke von Tönen ist zu berücksichtigen. Das Beispiel aus Abbildung 1.1 zeigt den fundamentalen Einfluß dieser Größe auf die Periodizitätswahrnehmung.
5. In der ersten Entwicklungsstufe soll sich das Modell auf Timing und Lautstärke beschränken. Aspekte der Melodik, Harmonik und Klangfarbe bleiben unberücksichtigt. Der wenig fortgeschrittene Stand der Rhythmus-

forschung läßt es geraten erscheinen, die zu untersuchenden Phänomene so einfach wie möglich zu halten.
6. Das Verfahren soll sensibel für Periodizitäten jenseits von einfachen metrischen Strukturen sein. Die mögliche musikalische Relevanz einer solcherart erweiterten Sichtweise ergibt sich aus den geschilderten Überlegungen und Untersuchungen von Yeston (1976), Povel & Essens (1985) und Parncutt (1994).
7. Für den Output wird eine sinnfällige und übersichtliche Form der graphischen Darstellung zu entwickeln sein. Diese Darstellung muß die zeitliche Entwicklung im Verlaufe eines Musikstücks beinhalten. Auch die nur schwach ausgeprägten Periodizitäten/Oszillationen sollen darin sichtbar werden. Nur bei Offenlegung aller Details wird sich das Verhalten des Modells und die musikalische Relevanz der Ergebnisse beurteilen lassen.

2. Überprüfung des Modells

In einem ersten Schritt werden zahlreiche einfache Beispiele zu rechnen und die Ergebnisse auf ihre musikalische Plausibilität hin zu analysieren sein. Da das Verfahren laut Vorgabe zunächst die Aspekte der Melodik, Harmonik und Klangfarbe nicht berücksichtigt, sollten hierbei auch Testbeispiele genommen werden, welche diese Gestaltungsparameter nicht enthalten. In Frage kommen also zunächst reine Rhythmen, gespielt auf einem Perkussionsinstrument mit fester Tonhöhe. Die Beispielauswahl hat den Gesichtspunkt der Verschiedenartigkeit der Rhythmen zu berücksichtigen, soll sich jedoch zunächst auf das Gebiet europäischer Rhythmik beschränken. Eine Einbeziehung anderer Kulturbereiche in der Anfangsphase birgt die Gefahren schwer zu handhabender Materialfülle. Eine spätere Ausweitung ist hingegen unumgänglich, um Möglichkeiten und Grenzen eines Verfahrens auszuloten. Die Auswahl der Testbeispiele sollte von vornherein verschiedene Quellen einschließen: Das Modell muß auf exakt gespielte Computerversionen ebenso „vernünftig" reagieren wie auf Einspielungen von Musikern.

Unter „vernünftig reagieren" ist zunächst zu verstehen, daß die offenkundig in der Musik vorhandenen Periodizitäten wie etwa die auf Dreiviertelnoten-Ebene in einem Dreivierteltakt korrekt angezeigt werden. Was darüber hinaus als „vernünftig" oder „musikalisch plausibel" anzusehen ist, wird anhand der konkreten Beispiele zu diskutieren sein.

Als zweiter Schritt einer Überprüfung ist ein geeignetes Experiment durchzuführen. Für die vorliegende Arbeit fiel die Entscheidung für ein indirektes Verfahren, welches sich von den in I.C.2 erwähnten unterscheidet. In ersten Versuchsrechnungen mit von Schlagzeugern eingespielten Rhythmen deutete sich nämlich ein bemerkenswerter Zusammenhang zwischen den Oszillationen und der musikalischen *Qualität* einer Performance an. Dies gab zur Formulierung einer Doppelhypothese Anlaß:

- Je stärker die im Modell ausgelösten Oszillationen, desto positiver ist die Bewertung durch Hörer.
- Je abwechslungsreicher das zeitliche Muster der Oszillationen, desto positiver ist die Bewertung durch Hörer.

Aufgrund dieser Doppelhypothese ergab sich eine neuartige Möglichkeit der indirekten Überprüfung des Modells: Würde sich ein starker Zusammenhang dieser Art nachweisen lassen, so wäre die musikalische Relevanz der sich durch das Modell ergebenden Oszillationen bestätigt und damit das Modell insgesamt gestützt. Dieser Weg erschien gegenüber einer direkten Methode der reizvollere, eröffnet er doch bei Gelingen völlig neue Anwendungsperspektiven für ein Oszillationsmodell: die Analyse von Performancequalitäten und eine Voraussage von Hörerbewertungen.

Zum Nachweis des hypothetischen Zusammenhangs würden auf der einen Seite Beurteilungen von Schlagzeug-Performances durch Hörer einzuholen, auf der anderen Seite aus den Modellrechnungen für jede dieser Performances zwei Werte abzuleiten sein: einen für die Gesamtstärke der Oszillationen, einen anderen für den „Abwechslungsreichtum" des resultierenden Oszillationsmusters. Mit diesen beiden Größen als „Prädiktoren" wäre anschließend per Regression eine Datenanpassung an die Bewertungen zu kalkulieren.

Zur besseren Einschätzung der Güte einer solchen Regression schien es sinnvoll, zusätzlich eine weitere Regression mit zwei „Vergleichsprädiktoren" vorzunehmen, welche nicht aus dem Oszillationsmodell abgeleitet werden. Hierfür wurden die *Timing-Genauigkeit* und die *Dynamizität* (ein Gesamtmaß für die vorkommenden Lautstärkeunterschiede) einer Performance gewählt. Beide Größen boten sich aufgrund erster Pilot-Versuche zur Bewertung von Schlagzeug-Performances an.

Kapitel II
Das Oszillations-Modell

A. Allgemeine Beschreibung
1. Input

Als Eingabe für das Computerprogramm werden die Daten einer Kurve benötigt, welche den Lautstärkeverlauf des Musikstücks über die Zeit beschreibt. Eine solche Lautstärkekurve ist beispielsweise die Abbildung des Schalldruckpegelverlaufs in Dezibel (dB) oder die Darstellung der subjektiven Lautheit in Sone, ermittelt nach dem Lautheitsmodell von Zwicker (Zwicker & Fastl 1990, S. 197-214). Die Abbildungen 2.1 und 2.2 zeigen hierzu je ein Beispiel, beide sind aus dem digitalen Audiosignal derselben Aufnahme berechnet.

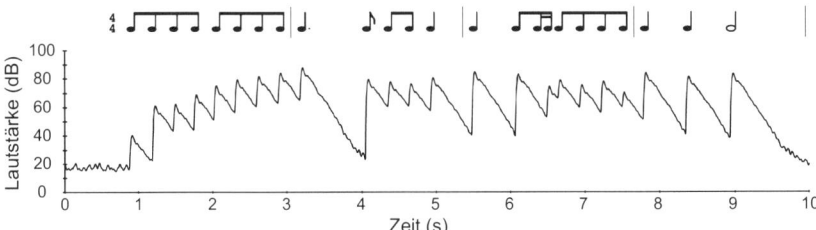

Abb. 2.1: Schalldruckpegelverlauf als Lautstärkekurve einer Conga-Einspielung des notierten Rhythmus. Die Anschläge der Töne heben sich fast immer deutlich als Lautstärkespitzen hervor – mit einer Ausnahme: Das erste Sechzehntel im dritten Takt ist in dieser Kurve nicht auszumachen. Die schwachen Ausschläge der Kurve vor dem ersten und nach dem letzten Ton werden durch Hintergrundgeräusche bei der Aufnahme verursacht.

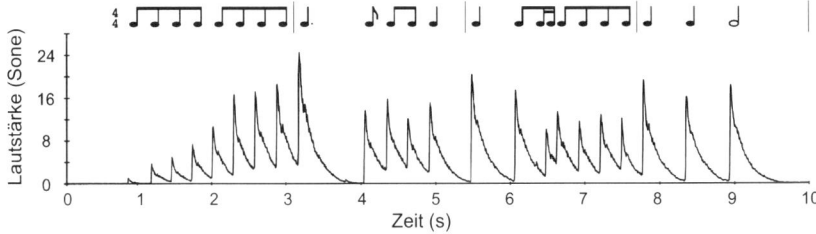

Abb. 2.2: Verlauf der subjektiven Lautheit nach Zwicker als Lautstärkekurve derselben Conga-Einspielung. Hier ist nun auch das erste Sechzehntel im dritten Takt als kleine Spitze zu identifizieren. Die Hintergrundgeräusche treten fast nicht in Erscheinung.

Auf verschiedenem Wege gewonnene Lautstärkekurven können sich durchaus substantiell unterscheiden. Man beachte etwa, daß die erste der beiden Sechzehntelnoten in Takt 3 im Schalldruckpegelverlauf überhaupt nicht zu sehen ist, sich hingegen in der Lautheitskurve als kleine Spitze abzeichnet. Auch in den Lautstärkerelationen ergeben sich einige Abweichungen, so wird beispielsweise im Schalldruckpegelverlauf die zweite Note in Takt 2 gegenüber dem nachfolgenden Ton als die etwas lautere ausgewiesen, in der Lautheitskurve hingegen ist es umgekehrt.

Da mit dem Oszillationsmodell Vorgänge im wahrnehmenden Menschen simuliert werden sollen, sind als Input grundsätzlich diejenigen Lautstärkekurven vorzuziehen, welche dem subjektiven Lautstärkeeindruck von Hörern besser entsprechen.

Diesbezüglich scheint das Zwicker-Modell schon vom Ansatz her im Vorteil zu sein: Werden dabei doch solche komplexen psychoakustischen Phänomene wie Maskierung und Frequenzabhängigkeit der Lautstärkewahrnehmung berücksichtigt, wohingegen für die Berechnung des Schalldruckpegels lediglich eine logarithmische Transformation des physikalischen Lautstärkemaßes vorgenommen wird. In der Tat ließ der Vergleich zahlreicher Tonbeispiele mit den jeweiligen Kurven des Schalldruckpegels und der Lautheit die Überlegenheit des Zwickerschen Verfahrens offensichtlich erscheinen. Dieser Eindruck konnte in Versuchen mit einzelnen Schülern an verschiedenen Beispielen erhärtet werden. (Eine wissenschaftliche Untersuchung dieser Frage war im Rahmen dieser Arbeit nicht intendiert.) Der Leser möge sich anhand der Tonaufnahme auf der beiliegenden CD selbst ein Bild machen (Track 63 enthält die Aufnahme zu den Abbildungen 2.1 und 2.2. Man beachte hierbei, daß der erste Ton extrem leise gespielt wird). Weitere Informationen zu Fragen der Lautstärkewahrnehmung finden sich beispielsweise bei Hellbrück (1993, S. 38/39) oder ausführlicher bei Zwicker & Fastl (1990, S. 181-214).

Für alle Untersuchungen von Tonaufnahmen im Rahmen dieser Arbeit wurden aus den genannten Gründen die nach dem Zwicker-Modell gewonnenen Lautheitskurven verwendet. Hierbei kam ein speziell entwickeltes Computerprogramm „Lautheit" zum Einsatz, welches diese Kurven aus einem digitalen Audio-Signal ermittelt. Für die Berechnung der zum Vergleich benötigten Schalldruckpegelverläufe wurde das Programm „Leistung" eingesetzt. Beide Programme waren 1995 im Auftrag der Musikhochschule Hannover von B. Feiten und M. Spitzer an der Technischen Universität Berlin entwickelt worden. (Weitere Details hierzu finden sich bei Langner, Kopiez & Feiten 1998, S. 18-20.)

Parallel zur Lautstärkekurve verarbeitet das Programm eine sogenannte „Lautstärkespitzenkurve". Diese zweite Kurve enthält ausschließlich lokale Maxima der Lautstärkekurve, und zwar genau diejenigen, die mit dem Beginn (Onset) eines Tones korrespondieren; an allen übrigen Stellen hat sie den Wert null. Sie ist somit keine Kurve im landläufigen Sinne, sondern besteht aus einzelnen, senkrechten „Stiften". Sie trägt damit Informationen über die genaue zeitliche Lage und die Lautstärke dieser Spitzen. Diese zusätzliche Information ermöglicht es, die Onsets gegenüber anderen Zeitpunkten des Lautstärkeverlaufs stärker zu gewichten. (Tatsächlich wird in der neueren Rhythmusforschung zumeist *ausschließlich* mit den Onsets gearbeitet, so etwa bei allen in Abschnitt I.C erwähnten Studien, woraus zu ersehen ist, daß diesen Zeitpunkten durchweg eine besondere Relevanz für das Erleben von Rhythmus zugeschrieben wird.)

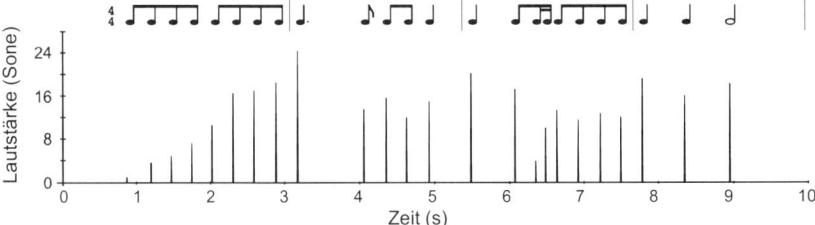

Abb. 2.3: Lautstärkespitzenkurve, gewonnen aus dem Lautstärkeverlauf in Abb. 2.2

Für die Gewinnung einer solchen Spitzenkurve wie in Abbildung 2.3 muß zunächst eine Spitzen-Detektion im eigentlichen Lautstärkeverlauf durchgeführt werden. Dies kann weitgehend von einem Computerprogramm übernommen werden, welches nach solchen lokalen Maxima im Lautstärkeverlauf fahndet, die nicht nur ihre direkten Nachbarwerte übertreffen, sondern eine etwas weitere Umgebung. Denn nicht jedes lokale Maximum korrespondiert mit einem Onset; von Tonaufnahmen abgeleitete Lautstärkekurven weisen stets ein gewisses „Gezappel" auf (siehe hierzu nochmals die Abbildungen 2.1 und 2.2). Die Stärke dieser Fluktuationen hängt von der Klangfarbe des Musikinstrumentes und der technischen Qualität der Aufnahme ab. Umgekehrt erscheinen die Onsets sehr leise gespielter Töne zuweilen nur schwach oder überhaupt nicht als Spitzen. Ein nach Onsets „fahndendes" Computerprogramm bedarf also in jedem Falle der Supervision und Kontrolle durch einen Menschen. Die Spitzen der Onsets zeichnen sich in einer nach dem Zwickerschen Lautheitsmodell gewonnen Sone-Kurve durchweg deutlicher ab als in Schalldruckpegelverläufen, so daß auch hierbei die Überlegenheit jenes Verfahrens zutage tritt (siehe hierzu auch die Beispiele in Langner, Kopiez und Feiten 1998, S. 20). Ein komplizierteres und möglicherweise noch leistungsfähigeres Verfahren zur Onset-Detektion, welches auch Tonhöhen-Informationen einbezieht, wird bei Toiviainen (1997, S. 512/513) beschrieben.

Ob diese Lautstärkespitzen tatsächlich mit dem Erleben eines Onsets durch den Hörer zeitlich exakt zusammenfallen, soll an dieser Stelle nicht ausführlich diskutiert werden. Die Frage, an welcher Stelle eines Lautstärkeverlaufs der Hörer nun tatsächlich den Beginn eines Tones empfindet, ist Gegenstand spezieller Untersuchungen (z.B. Schütte 1978; Howell 1988; Kosfelder 1992; Howell & Scott 1992). Die exakte Onset-Bestimmung erweist sich zuweilen als schwierig, insbesondere dann, wenn der Lautstärkeanstieg eines Tones bis zum Maximum relativ langsam erfolgt wie etwa häufig bei Streichern oder manchen Bläsern. Hingegen ist bei allen Musikinstrumenten mit perkussiver Klangfarbe wie den meisten Schlaginstrumenten, Klavier, Cembalo oder Gitarre davon auszugehen, daß die Lautstärkespitze und Onset-Empfindung entweder zeitlich exakt aufeinander oder aber mit konstantem Abstand sehr nah beieinander liegen. Dies rechtfertigt die Identifizierung von Lautstärkespitzen mit Onset-Zeitpunkten in den Zusammenhängen dieser Arbeit.

Eine Berechnung der Oszillationsstärken ist auch auf der Basis einfacher Lautstärkeverläufe *ohne* zusätzliche Informationen über die Onsets möglich, im Frühstadium der Erprobung wurde ausschließlich auf diese Weise gearbeitet (siehe Langner & Kopiez 1996). Das Hinzufügen der Onset-Informationen erhöht allerdings die Leistungsfähigkeit des Verfahrens. Rechnerisch geschieht dieses Hinzufügen der Onset-Informationen durch das Bilden einer gewichteten Summe aus Lautstärke- und Lautstärkespitzenkurve, wobei die Gewichtungsfaktoren im Programm frei wählbar sind. Diese gewichtete Summe, welche als „Onset-modifizierter Lautstärkeverlauf" bezeichnet werden könnte, dient dann den weiteren Berechnungen als Input.

Wenn nicht die Musik einer Audioaufnahme zu untersuchen ist, sondern die MIDI-Daten eines Musikstücks vorhanden sind oder ein eigens erdachtes Beispiel gerechnet werden soll, können die erforderlichen Input-Daten noch auf andere Weise gewonnen werden. In diesen Fällen sind die Einsatzzeitpunkte und Lautstärken der einzelnen Töne explizit bekannt (eine Onset-Detektion ist mithin überflüssig), und mit diesen Informationen ist es relativ einfach möglich, die Lautstärkekurve sowie die Lautstärkespitzenkurve zu errechnen.

Für die zu Test- und Demonstrationszwecken erdachten Rhythmus-Beispiele in dieser Arbeit wurde stets ein Conga-Sound zugrunde gelegt, wie er von einem Drumcomputer erzeugt wird. Der charakteristische Lautstärkeanstieg und -abfall eines einzelnen solchen Conga-Tones wurde mit Hilfe einer Tonaufnahme und deren anschließender Analyse durch das Programm „Lautheit" ermittelt. Für diesen charakteristischen Lautstärkeverlauf konnte eine mathematische Kurvenanpassung durchgeführt werden, was es schließlich erlaubte, für jede beliebige Schlagfolge die zugehörige Lautstärkekurve zu berechnen. Die Details hierzu finden sich in II.B.1.

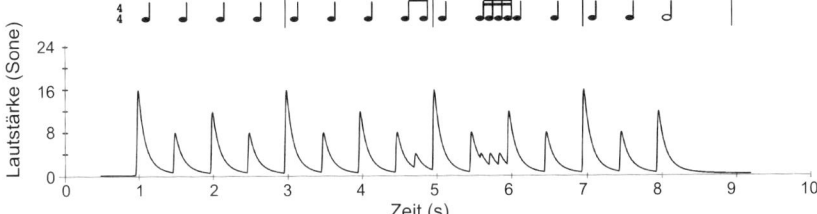

Abb. 2.4: Errechnete Lautstärkekurve zur notierten Schlagfolge auf Basis des Conga-Sounds aus einem Drumcomputer. Die Lautstärken der einzelnen Töne entsprechen dem Betonungsschema im Vierviertel-Takt.

In Abbildung 2.4 wurden die Lautstärken in Übereinstimmung mit dem Betonungsschema der Taktart gewählt. Grundsätzlich ist jedoch jede beliebige Lautstärkezuweisung möglich, so daß die Lautstärkekurve eines jeden denkbaren Rhythmus in jeder denkbaren Ausführung berechnet und dann als Test für das Oszillationsmodell verwendet werden kann.

Ebenfalls möglich ist es, Kurvenanpassungen für die Einzeltöne anderer Musikinstrumente vorzunehmen und auf dieser Basis dann die entsprechenden Lautstärkekurven zu bilden.

Generell fehlt den errechneten Lautstärkekurven das für das Bild von Tonaufnahmen charakteristische „Gezappel" (vergleiche die Abbildungen 2.1 und 2.2). Diese Fluktuationen haben jedoch auf die Ergebnisse der nachfolgenden Rechnungen praktisch keinen Einfluß.

Die zeitliche Auflösung in der Lautstärkekurve und der Lautstärkespitzenkurve bestimmt zugleich die maximal mögliche zeitliche Genauigkeit der Oszillationsberechnungen. Bei den Untersuchungen der vorliegenden Arbeit wurde stets mit einer zeitlichen Auflösung oder „Zeitschrittweite" von 5 Millisekunden (ms) gearbeitet. Diese Größe sollte an der Fähigkeit von Hörern orientiert sein, feine zeitliche Unterschiede wahrzunehmen. Untersuchungen hierzu ergeben ein komplexes Bild: Diese Fähigkeit ist unterschiedlich stark ausgeprägt, je nachdem ob es sich um einzelne Zeitintervalle oder aber um Tempowahrnehmung handelt (bei letzterem ist sie größer, siehe Drake & Botte 1993). Auch muß in Betracht gezogen werden, daß die Verhältnisse in einem musikalischen Zusammenhang andere sind als unter den Bedingungen psychoakustischer Experimente (Bengtsson & Gabrielsson 1980, S. 267). In der Regel gelangen verschiedene Studien zu verschiedenen Resultaten (Zusammenstellungen finden sich bei Fraisse 1978 oder Friberg & Sundberg 1995). Die genannten Zahlen bewegen sich jedoch in der Größenordnung von 5 ms oder darüber, so daß mit 5 ms eine gute Wahl getroffen sein sollte. Grundsätzlich ist es möglich, das Modell auch mit noch feineren Auflösungen arbeiten zu lassen.

2. Das Modell

Das Modell besteht aus einem Set sogenannter „Oszillatoren". Wie in Kapitel I bereits ausgeführt, sind dies Einheiten, deren zentrale Eigenschaft darin besteht, sich von periodisch strukturiertem Input aktivieren zu lassen. Auf diese Weise aktiviert, führen sie dann ihrerseits mit dem Input synchronisierte periodische Aktivitäten aus, sie „oszillieren" also.

Die Oszillatoren des Modells sind abstrakte mathematische Einheiten, jedoch mit genau definierten Eigenschaften so ausgestattet, daß das „Verhalten" dieser Einheiten im Computer simuliert werden kann.

Bevor dieser Simulationsvorgang im Detail beschrieben wird, seien die hierfür notwendigen Grundbegriffe erläutert.

Exkurs: Grundbegriffe zur Beschreibung periodischer Vorgänge

1. Die **Frequenz** (ω) bezeichnet die Häufigkeit, mit der der periodische Vorgang pro Zeiteinheit durchlaufen wird. Als Einheit hierfür wird häufig das Hertz (Hz) verwendet, definiert als „Anzahl der *pro Sekunde* absolvierten vollständigen Durchläufe". Aber auch musikalische Metronomzahlen (M.M.) bezeichnen Frequenzen, hier nun festgelegt als „Anzahl *pro Minute*". Beide Einheiten unterscheiden sich folglich um den Faktor 60, das heißt z.B. die Angaben M.M. = 60 und 1 Hz bezeichnen dieselbe Frequenz, ebenso M.M. = 180 und 3 Hz. Im Rahmen dieser Arbeit werden beide Einheiten Verwendung finden, je nach Zusammenhang führt die eine oder andere zu den anschaulicheren Zahlen. Unter **Periode** (P) versteht man die Zeit, welche für einen vollständigen Durchlauf benötigt wird. Eine Oszillation mit 1 Hz hat folglich eine Periode von 1 Sekunde, bei 4 Hz sind es 0.25 Sekunden, generell gilt der Zusammenhang: $P = 1/\omega$.
2. Die **Phase** (ϕ) bezeichnet die zeitliche Verschiebung einer Oszillation gegenüber einer definierten „Normallage". Zur Verdeutlichung: Zwei Lampen können mit derselben Frequenz von beispielsweise 1 Hz aufleuchten und blinken möglicherweise dennoch nicht synchron, weil das Aufleuchten der einen gegenüber dem der anderen jeweils um einen konstanten Zeitbetrag verschoben ist. In diesem Fall spricht man von einer unterschiedlichen Phasenlage, oder kurz: Phase.[1] Die Phase wird häufig in Einheiten von Grad (Winkelgrad) angegeben. Wäre im obigen Beispiel das Blinken der zweiten Lampe genau um 0.5 Sekunden verschoben (würde also genau in der Mitte zwischen zwei Blinksignalen der ersten liegen), so hätte diese zweite Lampe gegenüber der ersten ei-

---

[1] Im strengen physikalischen Sinn versteht man unter „Phase" die aktuelle Position eines Oszillators beim Durchlaufen seiner Periode, der Begriff wird jedoch auch in der Physik gelegentlich in anderer Bedeutung verwendet, wenn aus dem Zusammenhang heraus keine Verwechslungen zu befürchten sind.

ne Phase von 180° („genau gegenüber"), wäre das Blinken hingegen um lediglich 0.25 Sekunden versetzt, so läge eine Phase von 90° vor.
3. Die **Stärke** (S) der Oszillation, in der Physik häufig „Amplitude" genannt, ist ein Maß für die Intensität des Vorgangs. Bei einer Pendelschwingung etwa wäre dies an die maximale Entfernung aus der Ruhelage gekoppelt, bei blinkenden Lampen müßte diese Größe mit der Helligkeit des Aufleuchtens identifiziert werden.

Jedem Oszillator, also jedem der Elemente des Modells, sind drei charakteristische Zahlen zugeordnet:
1. eine Frequenz
2. eine Phase
3. eine Stärke (im folgenden „Aktivierungsstärke" genannt).

Frequenz und Phase sind hierbei für jeden Oszillator fest eingestellt, die Aktivierungsstärke hingegen variiert in Abhängigkeit vom jeweiligen Input und ändert sich in der Regel auch im Verlaufe eines Musikstücks ständig. Es ist die zentrale Aufgabe des Computerprogramms, für jeden der Oszillatoren seine Aktivierungsstärke zu jedem Zeitpunkt eines Musikstücks zu berechnen.

Für die Untersuchungen in dieser Arbeit wurde ein Set von 4080 Oszillatoren verwendet. Diese Zahl ergibt sich aus 85 verschiedenen Frequenzen zu jeweils 48 verschiedenen Phasen. Der Frequenzbereich erstreckt sich dabei von 0.125 bis 16 Hz, dies entspricht Metronomzahlen von 7.5 bis 960 und korrespondiert mit Perioden von 8 Sekunden bis 62.5 Millisekunden. Damit ist das Spektrum musikalischer Tempi und in der Musik vorkommender Notenlängen abgedeckt und nach unten hin etwas erweitert. In der Literatur werden die Grenzen des Spektrums „rhythmischer Frequenzen" etwas unterschiedlich beurteilt, Gjerdingen (1993, S. 503) beispielsweise gibt einen Bereich von 0.3 bis 20 Hz an, Todd (1994a, S. 395) legt ein Spektrum von 0.02 bis 20 Hz zugrunde, bei Langner & Kopiez 1996 wird in einem Vorläufermodell des hier vorgestellten mit 0.002 bis 24 Hz gearbeitet. Der in dieser Arbeit verwendete, etwas schmalere Bereich ist in der Kürze der meisten untersuchten Beispiele begründet, welche sehr niederfrequente Periodizitäten per definitionem nicht aufweisen können. Hinzu kommen Gründe der Rechenökonomie. Die Frage der sehr niederfrequenten Oszillationen wird in Kapitel V, Abschnitt F erneut aufgegriffen.

Die Frequenzen sind (ebenso wie bei Parncutt 1994 und Todd & Brown 1996) logarithmisch über diesen Bereich verteilt. Folglich haben beispielsweise 0.5 und 1 Hz im Frequenzspektrum denselben Abstand voneinander wie 1 und 2 Hz oder wie 2 und 4 Hz, die *Proportion* ist also das ausschlaggebende Distanzkriterium. Eine solche logarithmische Verteilung entspricht der musikalischen Erfahrung mit Tempo (auch das Metronom ist näherungsweise logarithmisch gestuft) und den Ergebnissen empirischer Forschung: Epstein (1995) findet in zahlreichen Untersuchungen seine Annahme einer zentralen Rolle der *Proportionen* für die musikalische Tempogestaltung bestätigt. Zwei benachbarte Oszillationsfrequenzen unterscheiden sich folglich ebenfalls stets um den gleichen Prozentsatz, bei 85 Frequenzen, verteilt auf die Spanne von 0.125 bis 16 Hz, sind dies ca. 5.9%.[2] Dies korrespondiert in der Größenordnung abermals mit den Schrittweiten auf dem Metronom und mit experimentellen Ergebnissen zur Genauigkeit der Tempowahrnehmung (Drake & Botte 1993). Die 48 Phasen decken den Bereich von 0° bis 360° in gleichmäßigen Schritten von jeweils 7.5° ab.

Das Computerprogramm erlaubt grundsätzlich die freie Wahl der Oszillationsfrequenzen und ihrer Phasen, insbesondere können also auch Bereich, Anzahl, Dichte und Verteilungscharakteristik beliebig verändert werden. Die für die Untersuchungen im Rahmen dieser Arbeit gewählten Werte stützen sich – wie erwähnt – zum Teil auf die Ergebnisse empirischer Studien, zum Teil auf Gesichtspunkte musikalischer Plausibilität, sind andererseits aber auch Erfahrungswerte, die sich bei vielen Anwendungen des Modells bewährt haben. Auch der Gesichtspunkt praktikabler Rechenzeiten war bei der Entscheidung über die Anzahl der Oszillatoren zu berücksichtigen. (Eine vollständige Auflistung der verwendeten Frequenzen befindet sich in Tabelle 2.1.)

Der eigentliche Berechnungsvorgang, die Berechnung der Aktivierungsstärken, erfolgt Zeitschritt für Zeitschritt entlang des Lautstärkeverlaufs. Ähnlich wie ein Hörer dem Strom der musikalischen Ereignisse folgt, arbeitet sich das Programm sukzessive durch die das Musikstück beschreibenden Daten. Dieser für das gesamte Verfahren zentrale Vorgang wird im folgenden ausführlich beschrieben.

---

[2] Dies ist exakt der gleiche Frequenzabstand, der zwischen zwei Nachbartönen der temperierten chromatischen Skala besteht. Dort handelt es sich jedoch um Tonhöhenfrequenzen oberhalb von 20 Hz, hier hingegen um „rhythmische Frequenzen" unterhalb dieser Grenze.

Nr.	Frequenz in Hz	Frequenz in M.M.	Periode in s	Nr.	Frequenz in Hz	Frequenz in M.M.	Periode in s
0	0.125	7.5	8.	43	1.5	89.9	0.667
1	0.132	7.95	7.55	44	1.59	95.2	0.63
2	0.14	8.42	7.13	45	1.68	101.	0.595
3	0.149	8.92	6.73	46	1.78	107.	0.561
4	0.157	9.45	6.35	47	1.89	113.	0.53
5	0.167	10.	5.99	48	2.	120.	0.5
6	0.177	10.6	5.66	49	2.12	127.	0.472
7	0.187	11.2	5.34	50	2.24	135.	0.445
8	0.198	11.9	5.04	51	2.38	143.	0.42
9	0.21	12.6	4.76	52	2.52	151.	0.397
10	0.223	13.4	4.49	53	2.67	160.	0.375
11	0.236	14.2	4.24	54	2.83	170.	0.354
12	0.25	15.	4.	55	3.	180.	0.334
13	0.265	15.9	3.78	56	3.17	190.	0.315
14	0.281	16.8	3.56	57	3.36	202.	0.297
15	0.297	17.8	3.36	58	3.56	214.	0.281
16	0.315	18.9	3.17	59	3.78	227.	0.265
17	0.334	20.	3.	60	4.	240.	0.25
18	0.354	21.2	2.83	61	4.24	254.	0.236
19	0.375	22.5	2.67	62	4.49	269.	0.223
20	0.397	23.8	2.52	63	4.76	285.	0.21
21	0.42	25.2	2.38	64	5.04	302.	0.198
22	0.445	26.7	2.24	65	5.34	320.	0.187
23	0.472	28.3	2.12	66	5.66	339.	0.177
24	0.5	30.	2.	67	5.99	360.	0.167
25	0.53	31.8	1.89	68	6.35	381.	0.157
26	0.561	33.7	1.78	69	6.73	404.	0.149
27	0.595	35.7	1.68	70	7.13	428.	0.14
28	0.63	37.8	1.59	71	7.55	453.	0.132
29	0.667	40.	1.5	72	8.	480.	0.125
30	0.707	42.4	1.41	73	8.48	509.	0.118
31	0.749	44.9	1.33	74	8.98	539.	0.111
32	0.794	47.6	1.26	75	9.51	571.	0.105
33	0.841	50.5	1.19	76	10.1	605.	0.0992
34	0.891	53.5	1.12	77	10.7	641.	0.0936
35	0.944	56.6	1.06	78	11.3	679.	0.0884
36	1.	60.	1.	79	12.	719.	0.0834
37	1.06	63.6	0.944	80	12.7	762.	0.0787
38	1.12	67.3	0.891	81	13.5	807.	0.0743
39	1.19	71.4	0.841	82	14.3	855.	0.0702
40	1.26	75.6	0.794	83	15.1	906.	0.0662
41	1.33	80.1	0.749	84	16.	960.	0.0625
42	1.41	04.9	0.707				

Tab. 2.1: Die 85 verwendeten Frequenzen samt der zugehörigen Perioden. Als Folge der logarithmischen Verteilung ergibt sich in jeweils gleichen Abständen (von 12 Frequenzen) eine Verdopplung. Die Angaben hier erfolgen mit einer Genauigkeit von drei Stellen.

Die Aktivierung der Oszillatoren durch den Input geschieht vermittels sogenannter „Zeitfenster", die sich periodisch öffnen und schließen, jeweils entsprechend der Frequenz und Phase des Oszillators. Während der „Fensteröffnungszeit" – und nur dann – ist der Oszillator sensibel für eine Aktivierung durch Lautstärke. Dies bedeutet konkret: Alle Lautstärke des Musikstücks *innerhalb* dieser Zeit wird aufsummiert und der Aktivierungsstärke zugeschlagen. *Außerhalb* der Fensteröffnungszeit stattfindendes musikalisches Geschehen hingegen hat keinen Einfluß auf den Zustand des betreffenden Oszillators. Die Zeitfenster werden hierbei nicht schlagartig geöffnet und geschlossen (man würde in diesem Fall von „Rechteckfenstern" sprechen), sondern haben die Form gaußscher Glockenkurven. Sie besitzen also insbesondere „weiche" Ränder, die Sensibilität beginnt und endet folglich stufenlos. Der zeitliche Verlauf der Aktivierbarkeit eines Oszillators kann mit Hilfe einer Kurve dargestellt werden, diese Kurve sei im folgenden sein „Aktivierbarkeitsprofil" genannt. Eine solche Kurve erreicht auf der Ordinate höchstens den Wert eins, dieser Wert bedeutet: *maximale* Aktivierbarkeit. Der Wert eins wird nur einmal pro Fenster erreicht, in der sogenannten „Fenstermitte", nur dort ist das Fenster „ganz offen".

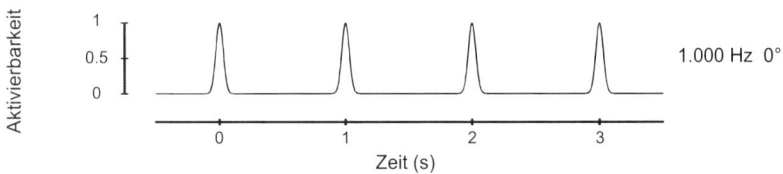

Abb. 2.5: Aktivierbarkeitsprofil des Oszillators mit der Frequenz 1 Hz und der Phase 0°. Dargestellt ist nur ein kleiner Ausschnitt, die Linie ist nach beiden Seiten hin fortgesetzt zu denken.

Oszillatoren gleicher Frequenz, jedoch unterschiedlicher Phase besitzen dieselben Abstände zwischen den Fenstern, jedoch sind die Fensteröffnungszeiten gegeneinander verschoben, wie in Abbildung 2.6 zu sehen ist. Diese Abbildung zeigt außerdem, daß sich bei der hier gewählten Gaußglockenbreite (diese ist im Modell einstellbar) erhebliche Überlappungen der Fensteröffnungszeiten zwischen verschiedenen Oszillatoren ergeben. Versuchsrechnungen zeigten, daß diese Überlappungen für ein System erforderlich sind, welches auch die *zwischen* zwei Fenstermitten einsetzenden Töne korrekt verarbeiten soll. Mit solchen Tönen muß gerechnet werden, wenn die realen Einspielungen von Musikern verwendet werden, von denen nicht erwartet werden kann, daß sie mit ihrem Timing gerade die Fenstermitte eines Oszillators „treffen".

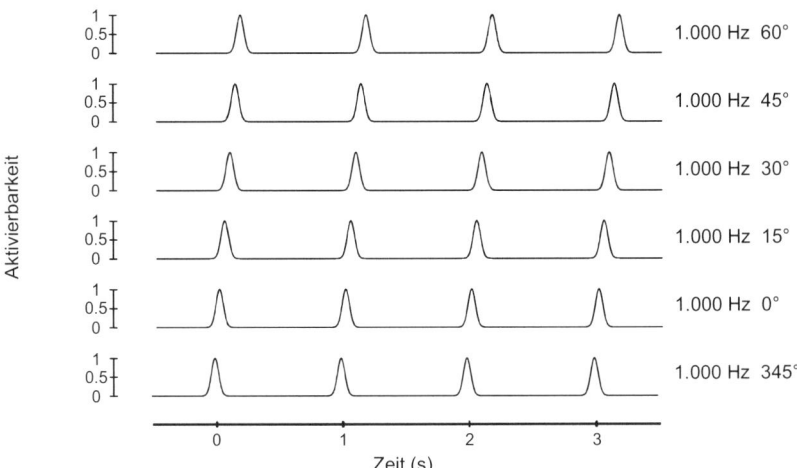

Abb. 2.6: Aktivierbarkeitsprofile mehrerer Oszillatoren der Frequenz 1 Hz mit unterschiedlichen Phasen.

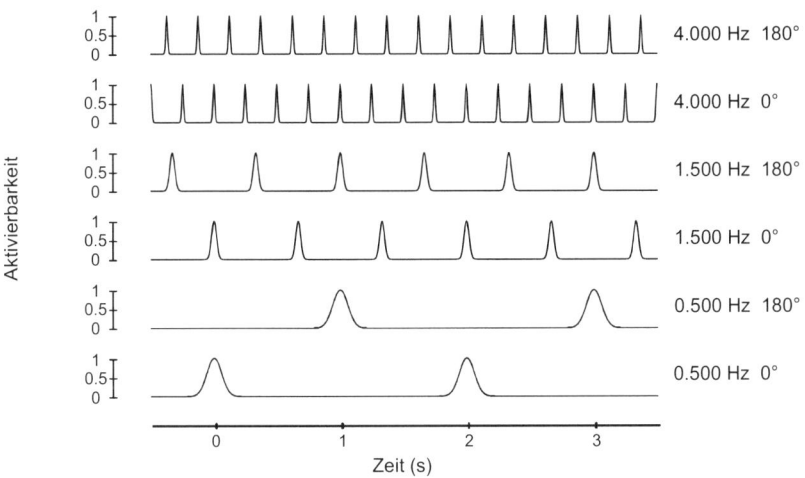

Abb. 2.7: Aktivierbarkeitsprofile mehrerer Oszillatoren verschiedener Frequenzen und Phasen. Die Weite der Fenster-Glockenkurven variiert umgekehrt proportional mit der Frequenz.

Die Fensteröffnungszeiten von Oszillatoren unterschiedlicher Frequenz besitzen unterschiedliche Abstände. Abbildung 2.7 zeigt eine Auswahl verschiedener Beispiele, man sieht insbesondere, daß jeder Oszillator sein eigenes, charakteristisches Aktivierbarkeitsprofil besitzt.

39

Die eigentliche Aktivierung der Oszillatoren erfolgt dergestalt, daß die Lautstärkewerte innerhalb der jeweiligen Fensteröffnungszeiten aufsummiert werden. Diese Summe bildet die Aktivierungsstärke des betreffenden Oszillators. Die Aktivierungsstärke wird allerdings mit jedem Zeitschritt einem sogenannten „Decay" unterworfen; dieses führt dazu, daß der Oszillator mit der Zeit zur Ruhe kommt, also gleichsam *ausschwingt*, falls keine neue Aktivierung hinzutritt. Zudem üben infolgedessen die zeitlich weiter zurückliegenden musikalischen Ereignisse einen geringeren Einfluß auf den aktuellen Aktivierungszustand aus als die zeitlich näherliegenden.

In Abbildung 2.8 ist dieser Aktivierungsvorgang an einem einfachen Beispiel dargestellt. Ein einfacher Fall liegt hier insofern vor, als ausschließlich mit den Onset-Lautstärken gearbeitet wird und diese Onsets exakt auf den Fenstermitten des Aktivierbarkeitsprofils liegen, der Input also praktisch unabgeschwächt in Aktivierung umgesetzt wird. In der Kurve, welche die Aktivierungsstärke darstellt, sieht man, wie jeder Onset den Wert um genau den Betrag seiner Lautstärke gleichsam „nach oben reißt" und zwischen den Onsets die Aktivierungsstärke jeweils abfällt, letzteres ist das erwähnte Decay. Man beachte: Dieser Abfall ist nicht so stark, daß der Wert beim nächsten Onset schon wieder auf null wäre, sondern es ergibt sich im Schnitt eine Zunahme an Aktivierungsstärke.

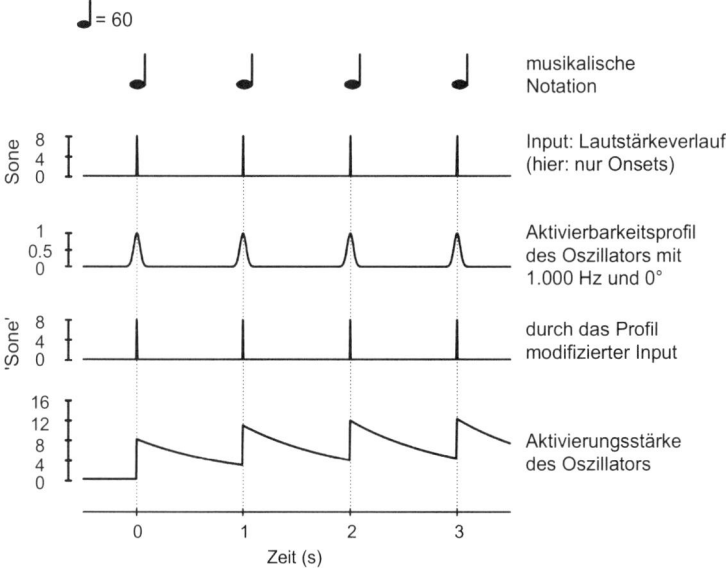

Abb. 2.8: Aktivierung des Oszillators mit 1 Hz und 0° durch eine Tonfolge im Tempo M.M. = 60.

In den Abbildungen 2.9 und 2.10 dient als Input wiederum eine Tonfolge im Tempo M.M. = 60 (dies entspricht 1 Hz), jedoch begegnet dieser Input hier den Oszillatoren der jeweils direkt benachbarten Frequenzen. Nunmehr treffen die Onsets nicht mehr stets die Fenstermitten, sondern die Lautstärkewerte werden durch das Profil einer Modifikation unterzogen (in der Rechnung ist dies eine einfache Multiplikation mit dem Wert des Aktivierbarkeitsprofils an dieser Stelle). Man könnte sagen: Beide Oszillatoren „hören" den zweiten Schlag nur noch sehr „leise", die Schläge drei und vier überhaupt nicht mehr. Beide erreichen folglich nur geringere Aktivierungsstärken.

Ein Vergleich der drei Abbildungen 2.8 bis 2.10 zeigt: Der Oszillator mit der Frequenz 1 Hz und der Phase 0° – und nur dieser – erfährt durch den musikalischen Input eine optimale Aktivierung. Dies ist eben gerade derjenige Oszillator, welcher in Frequenz und Phase mit den musikalischen Ereignissen die größte Übereinstimmung aufweist; er und nur er wird von allen Pulsen „voll getroffen", also in der Mitte seines Fensters, an der sensibelsten Stelle, und erhält folglich gegenüber seiner gesamten Nachbarschaft ein Maximum an Aktivierung.

Setzt man nun das gesamte Feld der 4080 Oszillatoren dem Input eines musikalischen Lautstärkeverlaufs aus, berechnet also für jeden seine Aktivierungsstärke, so erhält man Maxima bei denjenigen Oszillatoren, bei denen die Übereinstimmung mit der Tonfolge am größten ist. *Dieses Verhalten ist die zentrale Eigenschaft des gesamten Systems und begründet seine Fähigkeit zum Detektieren von Periodizitäten in der Musik.*

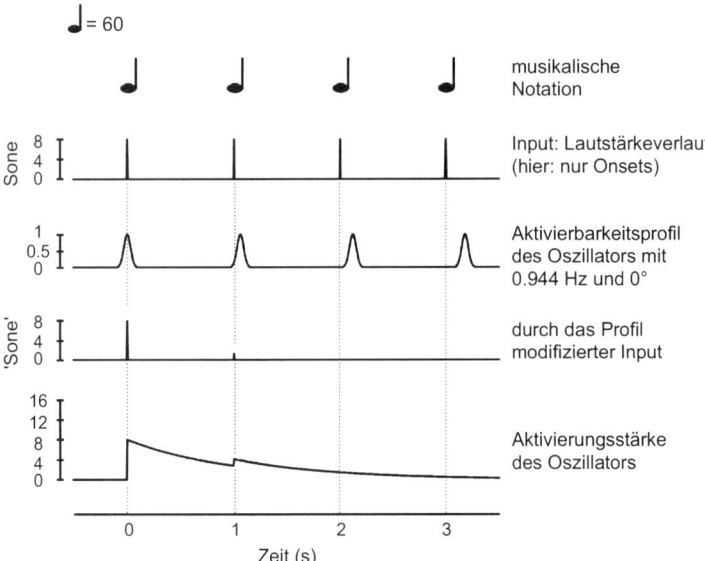

Abb. 2.9: Aktivierung des Oszillators mit 0.944 Hz und 0° durch eine Tonfolge im Tempo M.M. = 60.

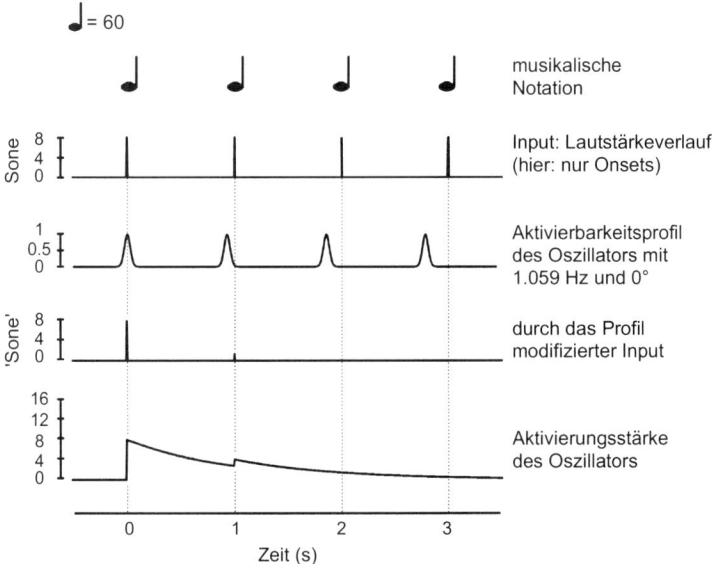

Abb. 2.10: Aktivierung des Oszillators mit 1.059 Hz und 0° durch eine Tonfolge im Tempo M.M. = 60.

Bei der Berechnung der Aktivierungsstärken fallen große Datenmengen an: Zu jedem der Zeitschritte (also in der Regel alle 5 ms) werden 4080 Werte ermittelt. Eine solche Zahlenflut kommt als Output nicht in Betracht. Es müssen also eine Reihe von weiteren Verarbeitungsschritten nachgeschaltet werden, welche die angefallenen Informationen bündeln und das im Sinne der Fragestellung Relevante hervortreten lassen. Diese Verarbeitungsschritte werden im folgenden beschrieben:

1. Eine *erste Kontrastverschärfung* wird unter allen Oszillatoren gleicher Frequenz vorgenommen. Hierbei erhalten Oszillatoren, die ihre Phasennachbarn an Aktivierungsstärke übertreffen, noch einen weiteren „Zuschuß". (Die Wirkung dieses Mechanismus kann anhand der späteren Abbildung 2.17 besichtigt werden.)

2. Alle zur selben Frequenz gehörigen Aktivierungsstärken werden *aufsummiert*. Hierbei kommen zwei Summationsalgorithmen zur Anwendung: ein einfaches *reelles* Summieren der Aktivierungsstärken über alle 48 zu einer Frequenz gehörenden Oszillatoren ungeachtet ihrer Phasen sowie ein *komplexes* Aufsummieren, welches eine Berücksichtigung der Phasen einschließt. (Dieser Vorgang ist präzise nur mit mathematischen Mitteln zu beschreiben, hierzu sei auf die Gleichung 23 in Abschnitt II.B verwiesen. Die *Auswirkungen* dieser beiden Summierungsarten können jedoch anhand der späteren Abbildungen 2.20 und 2.21 gut beobachtet werden.) Welchen Anteil die reelle und die komplexe Summe der Aktivierungsstärken an der Gesamtsumme haben sollen, kann im Programm eingestellt werden. Unabhängig von diesen Details ist die entscheidende Bedeutung des Schrittes: die *Bündelung* der 48 einzelnen Aktivierungsstärken (die sich von den 48 Phasen einer Frequenz ergeben) zu *einem einzigen* Wert. Dieser Wert wird im folgenden die „Oszillationsstärke" der betreffenden Frequenz genannt.

3. Unter allen Oszillationsstärken wird eine *zweite Kontrastverschärfung* vorgenommen. Hierbei erhalten Oszillationsstärken, die ihre Frequenznachbarn an Stärke übertreffen, noch einen weiteren „Zuschuß", hingegen erfahren schwach aktivierte Frequenzen in der Nachbarschaft von stark oszillierenden eine „Unterdrückung". Zahlreiche Beispielrechnungen zeigten, daß die plausibelsten Ergebnisse dann erzielt werden, wenn mit dieser zweiten Kontrastverschärfung eine sehr starke Selektion ausgeführt wird, so daß nur noch wenige Frequenzen mit einer von null verschiedenen Oszillationsstärke bleiben. Abbildung 2.11 illustriert diesen Vorgang; an den späteren Abbildungen 2.18 und 2.19 werden die drastischen Auswirkungen dieses Mechanismus nochmals zu sehen sein.

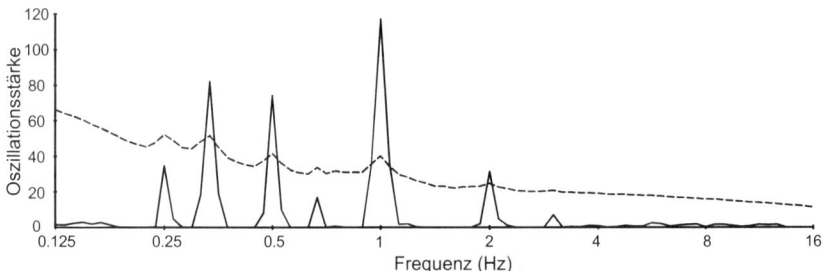

Abb. 2.11: Oszillationsstärken nach dem vierten Schlag einer Tonfolge mit M.M. = 60 vor (gestrichelte) und nach (durchgezogene Linie) der zweiten Kontrastverschärfung. *Vor* dieser Kontrastverschärfung weisen noch alle Frequenzen beträchtliche Oszillationsstärken auf, und die Frequenz der Tonfolge sowie ihre Ober- und Unterschwingungen zeichnen sich nur relativ schwach als lokale Maxima ab; danach hingegen treten sie als prägnante Spitzen hervor. Man beachte, daß die Frequenz von 1 Hz die am wenigsten starke „Konkurrenz" in ihrer näheren Umgebung hat und daher am meisten von diesem Mechanismus „profitiert".

4. Die Oszillationsstärken werden mit den Werten einer sogenannten *„einhüllenden Funktion"* multipliziert. Dies führt zu einer Abschwächung der Oszillationsstärken an den Rändern des Frequenzbereichs, im mittleren Bereich hingegen erhält sich die maximale Stimulierbarkeit der Oszillatoren. Abbildung 2.12 zeigt das Bild der „einhüllenden Funktion", ihre Wirkung auf die Oszillationsstärken wird anhand eines Beispiels in Abbildung 2.13 gezeigt.

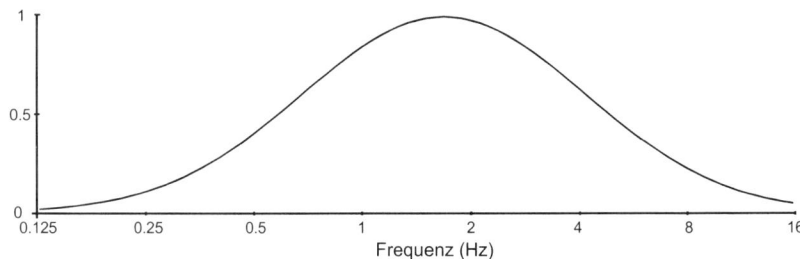

Abb. 2.12: Darstellung der einhüllenden Funktion. Das Maximum liegt bei 1.67 Hz.

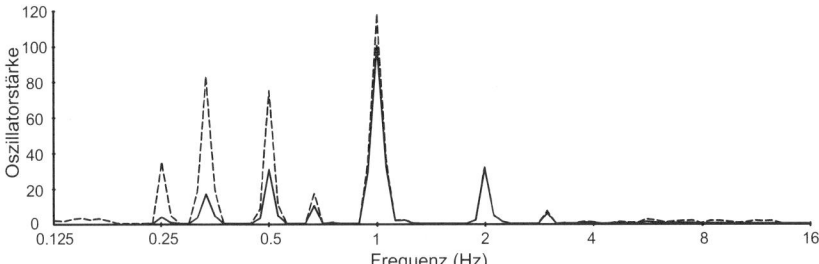

Abb. 2.13: Oszillationsstärken vor (gestrichelte) und nach (durchgezogene Linie) Anwendung der einhüllenden Funktion. Einzig die Frequenz von 2 Hz liegt in der Nähe des Maximums der einhüllenden Kurve und bleibt daher weitgehend unangetastet, alle anderen Oszillationsstärken hingegen werden mehr oder weniger stark abgeschwächt. Die Oszillationsstärken entstammen dem Beispiel aus Abbildung 2.11.

5. Abschließend erfolgt eine *Fokussierung* auf diejenigen Frequenzen, welche ihre Umgebung an Oszillationsstärke übertreffen. Diesen „Siegern" unter ihren Frequenznachbarn werden alle Oszillationsstärken einer gewissen Nachbarschaft zugeschlagen. (Die Auswirkungen dieser Fokussierung sind anhand eines Vergleichs der späteren Abbildungen 2.16 und 2.19 zu beobachten.)

Die Verarbeitungschritte 1), 3) und 5) können unter dem Begriff der *Kontrastverschärfung* subsummiert werden. Solche Mechanismen der Kontrastverschärfung sind aus der wahrnehmungspsychologischen Forschung gut bekannt, siehe z.B. Goldstein 1999, S. 57-60 zur visuellen Wahrnehmung. Sie dienen einer Konzentration auf bestimmte Teilaspekte der Informationen, schützen vor Daten-Überflutung und erhöhen somit aus gewisser Perspektive die Leistungsfähigkeit des betreffenden Systems.

Die Notwendigkeit von Verarbeitungsschritt 4) ergibt sich unmittelbar aus bekannten musikpsychologischen Tatsachen: Denn die zur Modifikation verwendete *einhüllende Funktion* ist an den bei Tapping-Studien beobachteten „bevorzugten" Schlagfrequenzen sowie den „bevorzugten Tempi" bei Hörexperimenten orientiert (siehe z.B. Fraisse 1982, S. 153/154 oder Kopiez & Langner 1998). Vergleichbare Mechanismen wurden auch in einige der anderen erwähnten Modelle (Abschnitt I.C) implementiert, so z.B. bei Parncutt (1994, S. 436-438, hier finden sich auch weitere Literaturhinweise).

Schritt 2), die Mischung zweier Summationsalgorithmen, stellt eine Neuerung dar. Zu seiner Begründung sei im Vorgriff auf die Abbildungen 2.20 und 2.21 verwiesen; dort wird sichtbar, daß jeder der beiden Algorithmen für sich *allein* zu einer „Schieflage" führen würde: entweder zu den rhythmischen „Unterschwingungen" oder aber zu den „Oberschwingungen" hin.

3. Output: Darstellung in Oszillogrammen und Expektogrammen

Die nach dem fünften Verarbeitungsschritt erhaltenen Oszillationsstärken werden in einer Matrix (im folgenden auch „Matrix I" genannt) niedergelegt. Jede Zeile dieser Matrix repräsentiert eine der 85 Frequenzen, jede Spalte steht für einen bestimmten Zeitpunkt. Es zeigte sich, daß bei diesen Matrizen eine gröbere zeitliche Auflösung von 50 oder 100 ms in vielen Fällen ausreicht; eine Zeitschrittweite von 5 ms wie in der Lautstärkekurve hingegen führt zu übergroßen Datenmengen, deren Weiterverarbeitung sich zeitraubend gestaltet. Die internen Berechnungen mit der Genauigkeit von 5 ms werden davon nicht berührt, die Zeitschrittweite der Output-Matrix bestimmt lediglich, wie häufig Daten aus dem Inneren des Vorgangs gezogen werden.

Die Werte dieser Matrix lassen sich in einer zweidimensionalen Grafik, einem sogenannten „Density-Plot" visualisieren. Die horizontale Achse wird hierbei zur Zeit-, die vertikale zur Frequenzachse. Die Schwärzungen in den Grafiken repräsentieren mit ihren graduellen Abstufungen die jeweilige Oszillationsstärke, also die Werte in der Matrix: Je stärker die Oszillation, desto dunkler ist die Färbung an der entsprechenden Stelle. Hierbei wird die größte in der darzustellenden Matrix vorkommende Oszillationsstärke der Stufe „schwarz" zugeordnet. Solche Grafiken werden im folgenden „Oszillogramme" genannt. Das Oszillogramm ermöglicht den Überblick über das gesamte Musikstück, es stellt dar, welche Oszillationsfrequenz zu welchem Zeitpunkt wie stark aktiviert ist. Abbildung 2.14 zeigt das Oszillogramm einer gleichmässigen Folge von Viertelnoten im Tempo M.M. = 120.

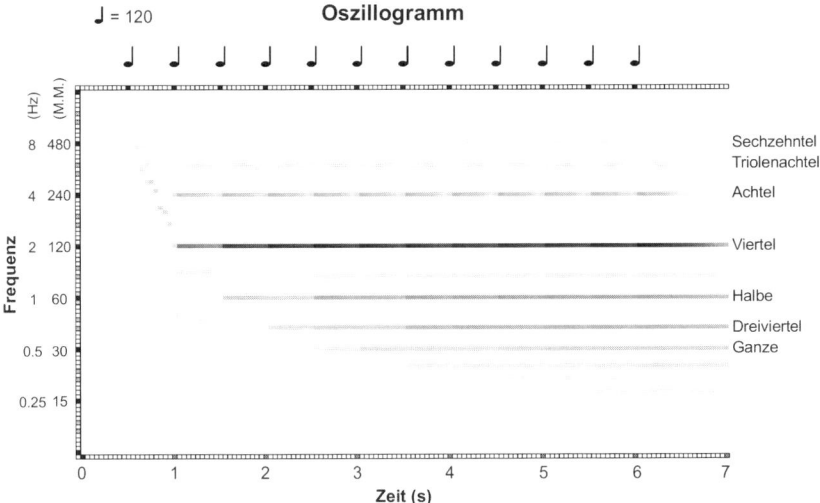

Abb. 2.14: Oszillogramm einer gleichmäßigen Folge von Viertelnoten im Tempo M.M.= 120. Die Oszillationsstärken werden durch den Schwärzungsgrad dargestellt.

Die stärkste Aktivierung findet man erwartungsgemäß bei der Frequenz M.M. = 120. Darüber hinaus gibt es schwächere Aktivierungen noch bei einigen ganzzahligen Vielfachen (M.M. = 240, 360, 480) und einigen ganzzahligen Teilern der Hauptfrequenz (z.B. bei M.M. = 60, 40, 30). Diese rhythmischen „Oberschwingungen" und „Unterschwingungen" sind zunächst als Resultate des Verfahrens zu konstatieren, ob diese aus Sicht der Fragestellung sinnvoll sind, sei in Kapitel III im Zusammenhang mit Abbildung 3.5 diskutiert. Man beachte weiterhin, daß die erste Aktivierung bei der Frequenz M.M. = 120 erst mit dem *zweiten* Congaschlag einsetzt; dies ist folgerichtig, denn erst hier kann das System „wissen", daß eine Schlagfolge in gerade diesem Tempo begonnen wurde.

Außer den Positionsmarken auf der Zeit- und der Frequenzachse sind am Oszillogramm noch weitere Orientierungshilfen angebracht: Die obere horizontale Leiste enthält Markierungen bei den Onset-Zeitpunkten. Darüber befindet sich die zugehörige musikalische Notation. Am rechten Rand stehen die Namen einiger Notenwerte, und zwar dort, wo die zugehörige Oszillationsfrequenz liegt. Im obigen Beispiel etwa mit dem Tempo Viertel = 120 entsprechen die Achtel einer Frequenz von M.M. = 240, halben Noten hingegen ist M.M. = 60 zuzuordnen.

Auch bei einer Zeitschrittweite von 100 ms wie im oben dargestellten Beispiel enthält Matrix I immer noch eine große Menge an Daten. Die Visualisierung mit Hilfe des Oszillogramms stellt ein Verfahren dar, diese Zahlenmenge überschaubar und einer Interpretation zugänglich zu machen. Darüber hinaus bestehen jedoch Möglichkeiten, die Daten so weiterzuverarbeiten, daß zusätzliche Informationen gewonnen werden.

Als bedeutsame Größe hat sich hier die Gesamtoszillationsstärke, im folgenden mit dem Buchstaben „O" bezeichnet, herausgestellt. Für diesen Wert sind zunächst alle Oszillationsstärken aufzuaddieren; summiert werden muß dabei sowohl über den gesamten Frequenzbereich als auch über die gesamte Zeitdauer des Musikstücks. Diese Summe ist sodann durch diese Zeitdauer zu dividieren – auf diese Weise erhält man eine Gesamtoszillationsstärke *pro Sekunde* und stellt somit die Vergleichbarkeit unterschiedlich langer Musikstücke her.

Die Bildung dieser Gesamtoszillationsstärke bedeutet eine erhebliche Reduktion: Aus der Matrix mit mehreren hundert Werten wird eine einzige Zahl gewonnen. Diese Zahl ist jedoch gemäß der in Kapitel I, Abschnitt D formulierten Hypothese eine fundamentale Größe im Zusammenhang mit der Bewertung von Rhythmus-Performances.

Als weitere wichtige Möglichkeit, die zahlreichen in Matrix I enthaltenen Informationen auszuwerten, hat sich eine Umformung der Daten herausgestellt, welche die im Laufe des Musikstücks auftretenden *Änderungen* der Oszillationsstärken quantifiziert. Hierbei wird einzeln für jede Frequenz und zu jedem Zeitpunkt geprüft, inwieweit sich die Oszillationsstärke von dem entsprechenden Wert zu dem um eine Periode *früheren* Zeitpunkt unterscheidet.[3] Es wird also „nachgeschaut", ob die aktuelle Oszillationsstärke größer oder kleiner als zuvor ist. Bei einer Frequenz von 2 Hz beispielsweise vergleicht das Programm die zu einem Zeitpunkt aktuelle Oszillationsstärke mit der um 0.5 Sekunden zurückliegenden, indem es die Differenz zwischen beiden bildet. Diese Differenzwerte (für jede Frequenz und jeden Zeitpunkt eine Zahl) bilden wiederum eine Matrix – im folgenden „Matrix II" genannt.

Diese Weiterverarbeitung stellt *keine* Reduktion dar, die Anzahl der Werte bleibt gleich. Für ein Überschauen dieser großen Zahlenmenge ist somit wiederum eine Visualisierung erforderlich, welche in den sogenannten „Expektogrammen" geschieht. Diese sind im Design den Oszillogrammen sehr ähnlich. Da hierbei jedoch keine stets positiven Oszillationsstärken dargestellt werden, sondern deren zeitliche Änderungen oder „Änderungsstärken", die positiv oder auch *negativ* sein können, werden zur Darstellung zwei verschiedene Farben benötigt: „Rot" steht hierbei für positive Änderungen, also für die Zunahme, „Blau" hingegen für negative, also für die Abnahme von Oszillationsstärken. Wie in den Oszillogrammen wird die Farbintensität auch hier zur Visualisierung der Beträge eingesetzt: Ein blasses Blau etwa repräsentiert eine nur geringe Abnahme, intensives Blau hingegen eine starke. Eine Normierung erfolgt

---

[3] Zum Terminus „Periode" siehe die Begriffserkärung am Beginn von Abschnitt A.2.

ähnlich wie für die Oszillogramme: Dem maximalen in der Matrix vorkommenden Betrag wird die maximale Farbintensität zugeordnet.

Abbildung 2.15 enthält das zum Oszillogramm von Abbildung 2.14 gehörige Expektogramm. (Alle Farbabbildungen befinden sich im Anhang F am Ende dieses Bandes.) Es weist in diesem Fall insgesamt sehr wenig Färbung auf, dies ist folgerichtig, denn das zugehörige Oszillogramm ist sehr „änderungsarm" – man vergleiche mit Abbildung 2.14. (Das hierbei untersuchte „Musikstück" ist auch extrem „langweilig", hier deutet sich bereits ein Zusammenhang an, der im folgenden noch eine Rolle spielen wird.) Die relativ starke Blaufärbung ab t = 6.5 wird durch das Abbrechen der Tonfolge verursacht, es ist die Stelle, an der der Hörer des Abbrechens der Folge gewahr wird. In gewissem Sinne spiegelt das Blau hier seine „Überraschung" wider, denn die „Erwartung" dürfte auf eine Fortsetzung der gleichmäßigen Schlagfolge gerichtet gewesen sein. Dieser Zusammenhang zwischen den Änderungsstärken und dem für das Musikhören bedeutsamen Phänomen der rhythmischen „Erwartung" (siehe Kapitel I) hat sich an einer Reihe von untersuchten Beispielen gezeigt und den Namen „Expektogramm" für die Darstellung der Änderungsstärken motiviert.

In Analogie zur Berechnung der Gesamtoszillationsstärke aus Matrix I kann aus einer Matrix II die „Gesamtänderungsstärke", im weiteren mit dem Buchstaben „A" bezeichnet, ermittelt werden. Hierzu sind ganz entsprechend die Beträge[4] der Änderungsstärken über alle Frequenzen und über die gesamte Zeitdauer des Musikstücks aufzuaddieren, die Summe ist anschließend durch die Zeitdauer zu dividieren. Dieser Wert ist gemäß der Hypothese die zweite fundamentale Größe im Zusammenhang mit der Bewertung von Rhythmus-Performances.

4. Demonstration einiger Berechnungsschritte anhand von Oszillogrammen

Die folgenden Seiten enthalten eine Reihe von Oszillogrammen, welche geeignet sind, die Auswirkungen einiger der Berechnungsschritte zu demonstrieren und somit eine Vorstellung davon zu verschaffen, was an den diversen Stationen des Verfahrens geschieht. Ausgangspunkt ist wiederum die einfache Folge gleichmäßiger Viertelnoten, wie sie bereits der Abbildung 2.14 zugrunde liegt.

Das Oszillogramm in Abbildung 2.16 ist nahezu identisch mit dem in 2.14, es ist lediglich etwas vergrößert, und die Frequenzangaben in Hz sind (wie bei allen folgenden Grafiken) weggelassen.

Abbildung 2.17 zeigt das Oszillogramm, welches sich ergäbe, würde man die *erste Kontrastverschärfung* nicht durchführen. Das Band auf der Viertelnoten-

---

[4] Beträge sind stets positive Zahlen, es ergibt sich also in jedem Fall eine positive Summe.

ebene benötigt etwas Zeit, um die korrekten Frequenz von M.M. = 120 zu erreichen. Schwerwiegender noch erscheint der Unterschied bei den Oszillationen unterhalb der Hauptfrequenz: Dort ergeben sich überhaupt keine längeren waagerechten Aktivierungsbänder mehr.

Die fundamentale Bedeutung der *zweiten Kontrastverschärfung* läßt sich an Abbildung 2.18 ersehen. Erst dieser Algorithmus ist es, welcher aus dem „Datensee" von Oszillationsstärken die relevanten Informationen herausfiltert. (Der Fokussierungsalgorithmus ist hier gleichfalls weggelassen worden, da dieser ohne vorgeschaltete zweite Kontrastverschärfung nicht sinnvoll arbeitet.)

Die Wirkung der *Fokussierung* läßt sich anhand von Abbildung 2.19 studieren. Man vergleiche mit dem Oszillogramm von 2.16: Es erscheint bei 2.19, als habe man „vergessen, seine Brille aufzusetzen". Der Gewinn an Bildschärfe ist offensichtlich.

Die Abbildungen 2.20 und 2.21 demonstrieren die Auswirkungen des *reellen* und des *komplexen* Summationsalgorithmus. Führt man lediglich den reellen aus, so ergibt sich ein starkes Übergewicht der Unterschwingungen, wohingegen das komplexe Summieren fast ausschließlich der Grundschwingung und den Oberschwingungen zugute kommt. (Da die Anteile beider Summationsweisen auf die Gesamtsumme im Verfahren frei wählbar sind, erhält man auf diese Weise die Möglichkeit, Ober- und Unterschwingungen so zu gewichten, wie es aus musikalischer Perspektive sinnvoll erscheint.)

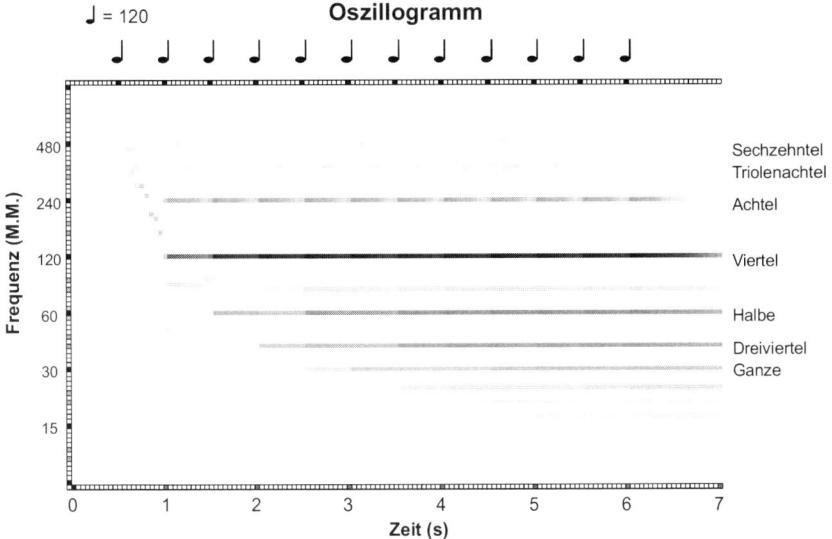

Abb. 2.16: Oszillogramm einer gleichmäßigen Folge von Viertelnoten.

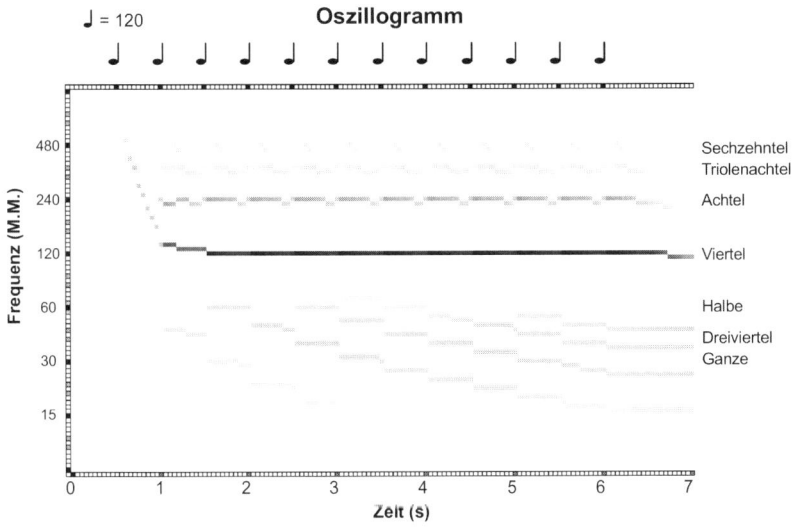

Abb. 2.17: Oszillogramm einer gleichmäßigen Folge von Viertelnoten, berechnet *ohne die erste Kontrastverschärfung*.

51

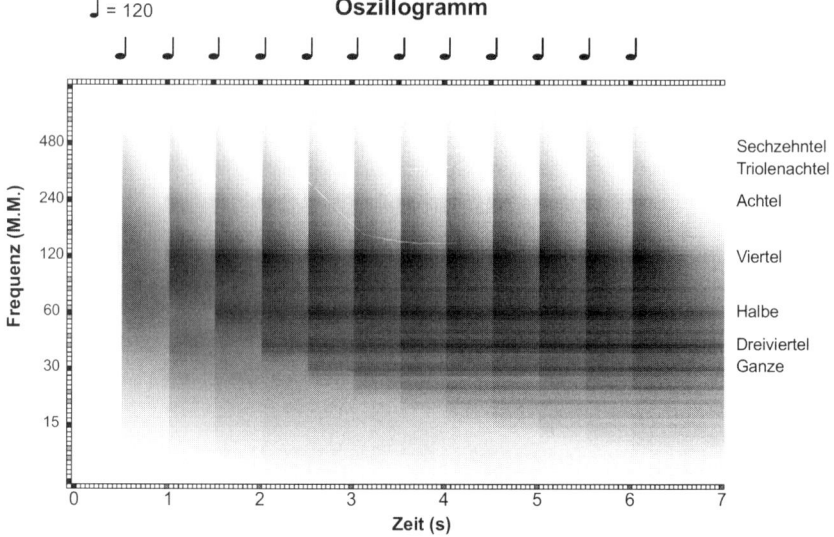

Abb. 2.18: Oszillogramm einer Folge von gleichmäßigen Viertelnoten, berechnet *ohne die zweite Kontrastverschärfung und die Fokussierung.*

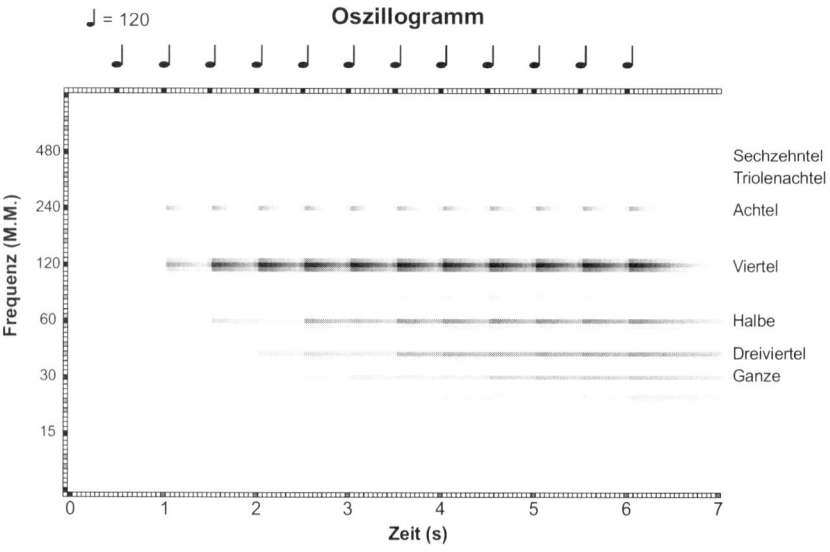

Abb. 2.19: Oszillogramm einer Folge von gleichmäßigen Viertelnoten, berechnet *ohne die Fokussierung.*

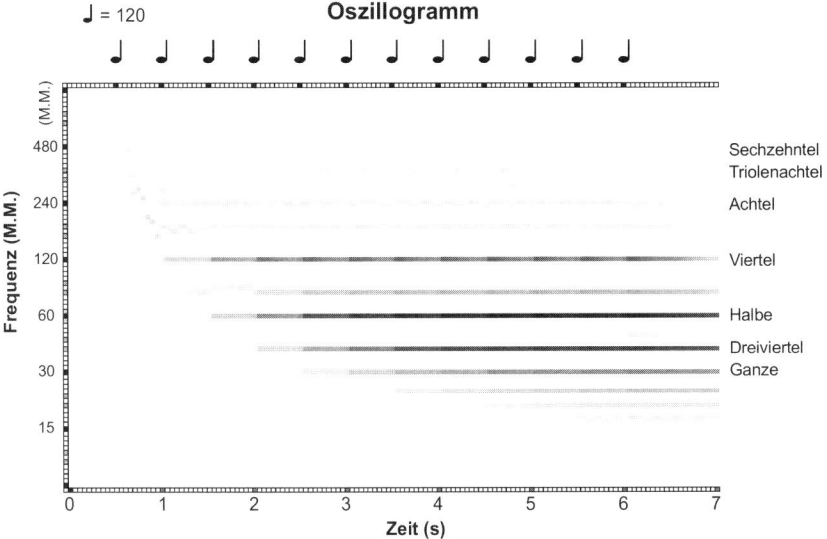

Abb. 2.20: Oszillogramm einer Folge von gleichmäßigen Viertelnoten, berechnet *allein mit dem reellen Summationsalgorithmus.*

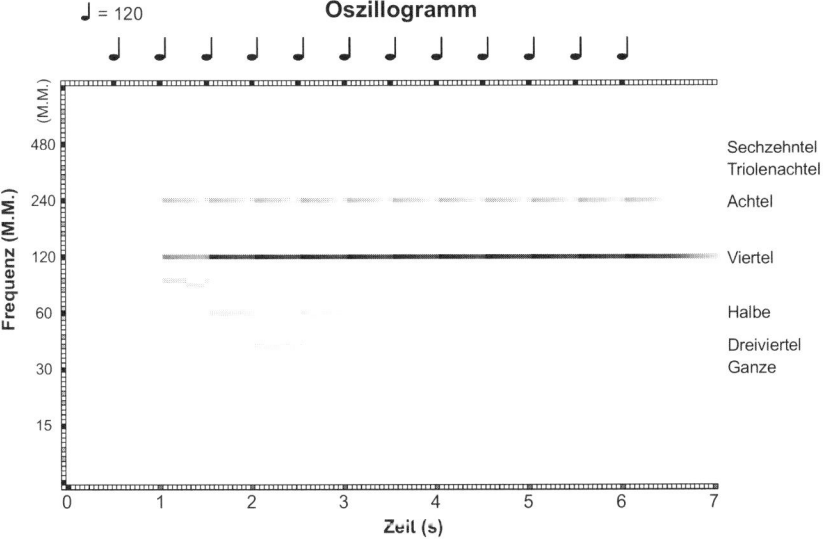

Abb. 2.21: Oszillogramm einer Folge von gleichmäßigen Viertelnoten, berechnet *allein mit dem komplexen Summationsalgorithmus.*

B. Mathematische Beschreibung

Hinweis: Der an den mathematischen Details nicht interessierte Leser kann den folgenden Abschnitt überspringen und mit Kapitel III fortfahren.

1. Errechnete Lautstärkekurven

Grundlage der Berechnungen ist die folgende, dem Sekans-Hyperbolikus ähnliche Funktion:

$$SH(t) := \frac{2}{e^{-c1 \cdot t} + e^{c2 \cdot t}} \qquad (1)$$

Die Parameter c1 und c2 bestimmen hierbei die Steilheit von Anstieg und Abfall der Kurve: Je höher der Wert, desto steiler ist der Verlauf. Eine solche Funktion hat ihr Maximum bei:

$$tm = \frac{\ln(c1) - \ln(c2)}{c1 + c2} \qquad (2)$$

Für die Lautstärkekurve eines Tones mit der Lautstärke LP und dem Zeitpunkt TP gilt dann:

$$SHP(TP, t) := LP \cdot \frac{SH(tm - TP + t)}{SH(tm)} \qquad (3)$$

Gegeben sei eine Folge von k = 1, 2, ... n Tönen mit den Lautstärken LP_k und den Zeitpunkten TP_k. Für den Lautstärkeverlauf L der gesamten Tonfolge wird zu jedem Zeitpunkt derjenige Wert aus der Schar der den Einzeltönen zugehörigen Lautstärkekurven genommen, welcher jeweils maximal ist, also:

$$L(t) := \text{Max}\{LP_k \cdot SHP(TP_k, t), k = 1, 2, ..., n\} \qquad (4)$$

Bei der Berechnung der Lautstärkekurven für die Drum-Performances wurden die folgenden Parameterwerte gewählt:

c1 = 160; c2 = 5

2. Die Algorithmen des Modells

Gegeben seien zwei Folgen von Lautstärkewerten, der Lautstärkeverlauf LV_i (Beispiel hierfür in Abbildung 2.2) und der Lautstärkespitzenverlauf LS_i (Beispiel in Abbildung 2.3), jeweils mit i = 0,1, ... ix. Die Zeitschrittweite, also der zeitliche Abstand zwischen zwei Elementen der Folge sei di. Für den einem Lautstärkewert zugehörigen Zeitpunkt t_i gilt dann:

$$t_i = i \cdot di \qquad (5)$$

Der sogenannte „Onset-modifizierte" Lautstärkeverlauf L_i ergibt sich aus:

$L_i = fV \cdot LV_i + fS \cdot LS_i$ „fV" und „fS" als Modellparameter wählbar (6)

Gewählt wurden: fV = 1 und fS = 80
Diese Wahl scheint auf eine „erdrückende" Dominanz des Lautstärkespitzenverlaufs hinzudeuten. Dies ist jedoch nicht der Fall, denn er enthält bei einer Zeitschrittweite von di = 0.005 s nur an ganz wenigen Stellen überhaupt von null verschiedene Werte, wohingegen der normale Lautstärkeverlauf stets „präsent" ist. Der Anteil des Spitzenverlaufs ist also sehr hoch zu gewichten, wenn er überhaupt merklichen Einfluß haben soll.

Zur Verwendung als Input wird eine normierte Version LN_i des Lautstärkeverlaufs berechnet (diese Normierung ist erforderlich, wenn später die Gesamtoszillationsstärken verschiedener Musikstücke vergleichbar sein sollen):

$$LSumme = \frac{1}{stop - start} \sum_{i=istart}^{istop} di \cdot L_i \qquad (7)$$

$$LN_i = 10 \cdot \frac{L_i}{LSumme} \qquad (8)$$

Hierbei sind start und stop die Zeitpunkte, an denen das Musikstück innerhalb des Lautstärkeverlaufs startet und stoppt (der Lautstärkeverlauf enthält in vielen Fällen eine etwas längere Zeitstrecke). Diese Zeitpunkte wurden bei den Berechnungen zu dieser Arbeit stets manuell eingegeben (eine automatische Findung dieser Zeitpunkte ist jedoch grundsätzlich möglich). Die Größen istart und istop sind die zugehörigen Indizes aus der Folge der Lautstärkewerte, sie ergeben sich aus:

$istart = NI(start/di)$
$istop = NI(stop/di)$ (9)

Der Funktionsname NI steht hierbei für „nearest integer", diese Funktion rundet auf die nächstliegende ganze Zahl.
Gegeben sei eine Folge von Oszillationsfrequenzen ω_j in Hz mit j = 0, 1, ... jx. Diese Frequenzen werden von dem Programm aus einer Datei eingelesen und können beliebig gewählt werden. Die für die Berechnungen der vorliegenden Arbeit verwendeten Frequenzen sind in Tabelle 2.1 angegeben. Die zugehörigen Perioden P_j ergeben sich aus:

$$P_j = 1/\omega_j \qquad (10)$$

55

Die jeweilige Stärke des Decay wird proportional zur Frequenz genommen. Den zugehörigen Decay-Parameter c_j sowie den zur Zeitschrittweite di gehörigen Decay-Faktor dec_j erhält man aus:

$$c_j = fdec \cdot \omega_j \qquad \text{„fdec" als Modellparameter wählbar} \qquad (11)$$

$$dec_j = e^{-c_j \cdot di} \qquad (12)$$

Gewählt wurde: fdec = 3.0

Gegeben sei eine Folge von Phasenzahlen ϕ_{jp} (in Grad) mit jp = 0, 1, ... jpx-1 mit

$$\phi_{jp} = jp \cdot 360 / jpx \qquad \text{„jpx" als Modellparameter wählbar} \qquad (13)$$

Gewählt wurde: jpx = 48

Die Größe jpx muß eine gerade Zahl sein (siehe die Gleichungen 20 und 22), sie legt die Anzahl der (gegeneinander phasenverschobenen) Oszillatoren gleicher Frequenz fest.

Das Aktivierbarkeitsprofil AP eines Oszillators mit der Frequenz ω und der Phase ϕ wird definiert durch:

$$AP(\omega,\phi,t) := \sum_{m=-\infty}^{\infty} e^{-(cG \cdot \omega \cdot jpx)^2 \cdot (t-(m+\phi/360)/\omega)^2} \qquad (14)$$

„cG" als Modellparameter wählbar

Gewählt wurde: cG = 0.5

Beispiele solcher Aktivierbarkeitsprofile finden sich in den Abbildungen 2.5 bis 2.7.

Die Aktivierungsstärke $AS_{i,j,jp}$ eines Oszillators mit der Frequenz ω_j und der Phase ϕ_{jp} zum Zeitpunkt t_i errechnet sich unter Verwendung der Hilfsgrößen $AS\_a_{i,j,jp}$ und $AS\_b_{i,j,jp}$ für alle i, j und jp aus den Gleichungen 15 bis 18. Für i = 0 wird gesetzt:

$$AS\_a_{0,j,jp} = 0;\ AS\_b_{0,j,jp} = 0;\ AS_{0,j,jp} = 0 \qquad (15)$$

Für i = 1, 2, ... ix ergibt sich rekursiv:

$$AS\_a_{i,j,jp} = dec_j \cdot AS\_a_{i-1,j,jp} + AP(\omega_j, \phi_{jp}, t_i) \cdot L_i \cdot di \qquad (16)$$

$$AS\_b_{i,j,jp} = dec_j \cdot (c_j \cdot AS\_a_{i-1,j,jp} \cdot di + AS\_b_{i-1,j,jp}) \qquad (17)$$

$$AS_{i,j,kp} = AS\_a_{i,j,jp} + AS\_b_{i,j,jp} \qquad (18)$$

Für ein einfaches exponentielles Decay würde der Algorithmus aus Gleichung 16 genügen. Das hier verwendete, kompliziertere Verfahren führt zu einem etwas weicherem Abfall. Dieses andere Decay hat sich in Versuchsrechnungen besser bewährt.

Die erste Kontrastverschärfung findet zwischen den Oszillatoren gleicher Frequenz statt. Hierfür sind zunächst unter Verwendung der Hilfsgröße cK1_a die Gewichtungsfaktoren $G1_{jp}$ für jp = 0,1, ... jpx/2 zu berechnen:

$$cK1\_a = cK1 \cdot \frac{24}{jpx} \qquad \text{„cK1" als Modellparameter wählbar} \qquad (19)$$

$$G1_{jp} = \frac{e^{-(cK1\_a \cdot jp)^2} + e^{-(cK1\_a \cdot (jp-jpx))^2} + e^{-(cK1\_a \cdot (jp+jpx))^2}}{1 + 2 \cdot e^{-(cK1\_a \cdot jpx)^2}} \qquad (20)$$

Gewählt wurde: cK1 = 0.11

Die Größe cK1 regelt, wie stark der Kontrastverschärfungseffekt mit dem Phasenabstand der Oszillatoren abnimmt. Die Gewichtungsfaktoren G1 nehmen mit steigendem jp annähernd normalverteilungsförmig ab. Der etwas kompliziertere Algorithmus ist notwendig, wenn man einen stets weichen Verlauf haben will, da die jpx Oszillatoren gleicher Frequenz bezüglich der Phasen einen geschlossenen Kreis bilden.

Die neue Aktivierungsstärke nach der ersten Kontrastverschärfung AS_K1 ergibt sich unter Verwendung einer Hilfsfunktion PosDiff und der wie üblich definierten Modulo-Funktion Mod aus:

$$PosDiff(x, y) := If(x > y, x - y, 0) \qquad (21)$$

$$AS\_K1_{i,j,jp} = bK1 \cdot AS_{i,j,jp} + \frac{fK1}{jpx} \cdot \sum_{k=-jpx/2}^{jpx/2-1} G1_{|k|} \cdot PosDiff(AS_{i,j,jp}, AS_{i,j,Mod(jp+k+jpx,jpx)}) \qquad (22)$$

„bK1" und „fK1" als Modellparameter wählbar

Gewählt wurden: bK1 = 0.5 und fK1 = 2.4

Die Gewichtungsgröße bK1 bestimmt hierbei den von der Kontrastverschärfung unbeeinflußten Anteil, die Gewichtungsgröße fK1 den Anteil der Kontrastverschärfung. Die Wirkung der ersten Kontrastverschärfung läßt sich anhand eines Vergleichs der Abbildungen 2.16 und 2.17 beobachten.

Die Aktivierungsstärken der Oszillatoren gleicher Frequenz werden zu einer Matrix OS der Oszillationsstärken zusammengefaßt:

$$OS_{i,j} = gR \cdot \sum_{jp=0}^{jpx-1} AS\_K1_{i,j,jp} + gC \cdot \sum_{jp=0}^{jpx-1} AS\_K1_{i,j,jp} \cdot e^{2 \cdot \pi \cdot I \cdot jp / jpx} \qquad (23)$$

„gR" und „gC" als Modellparameter wählbar

Gewählt wurden: gR = 1.0 und gC = 1.0

Mit „I" wird hierbei die imaginäre Einheit bezeichnet. Der erste Term in Gleichung 23 beschreibt das in Abschnitt II.A.2 so genannte „reelle", der zweite Term hingegen das „komplexe" Aufsummieren. Die unterschiedlichen Ergebnisse dieser beiden Summierungsarten können in den Abbildungen 2.20 und 2.21 beobachtet werden.

Die zweite Kontrastverschärfung findet zwischen den Oszillationsstärken verschiedener Frequenz statt. Hierfür sind zunächst Gewichtungsfaktoren $G2p_k$ und $G2n_k$ für k = 0, 1, ... 24 zu berechnen. Die mit einem „p" versehenen Größen beziehen sich auf einen positiven, stimulierenden Effekt, die mit „n" versehenen auf einen negativen, unterdrückenden.

$$G2p_k = e^{-(cK2p \cdot k)^2}$$
$$G2n_k = e^{-(cK2n \cdot k)^2}$$
„cK2p" und „cK2n" als Modellparameter wählbar (24)

Gewählt wurden: cK2p = 0.35 und cK2n = 0.4

Diese Größen regeln, wie stark der Kontrastverschärfungseffekt mit der Entfernung der Frequenzen voneinander abnimmt. Die eigentliche zweite Kontrastverschärfung führt dann zur neuen Matrix OS_K2 und wird vorgenommen durch:

$$OS\_K2_{i,j} = \sum_{k=-24}^{24} \text{If}(OS_{i,j} - OS_{i,j+k} > 0, fK2p \cdot G2p_{|k|} \cdot (OS_{i,j} - OS_{i,j+k}), fK2n \cdot G2n_{|k|} \cdot (OS_{i,j} - OS_{i,j+k})$$

„fK2p" und „fK2n" als Modellparameter wählbar (25)

Gewählt wurden: fK2p = 0.4 und fK2n = 0.2

Diese Größen bestimmen die Stärke der Stimulation bzw. der Unterdrückung. Geraten die Indizes nach oben aus dem Bereich der OS-Matrix heraus, so wird für die entsprechenden OS-Werte die Null genommen; nach unten hin wird die OS-Matrix programmintern für 24 weitere, niedrigere Frequenzen berechnet, so daß dort dieses Problem nicht entstehen kann. Sollten die Berechnungen aus Gleichung 25 zu negativen Werten führen, so wird die Matrix OS_K2 an dieser Stelle auf null gesetzt. Die Wirkung der zweiten Kontrastverschärfung kann anhand eines Vergleichs der Abbildungen 2.16 und 2.18 beobachtet werden.

Weitere Multiplikationen führen zur Matrix OS_K2_a:

$$OS\_K2\_a_{i,j} = OS\_K2_{i,j} \cdot \omega_j \cdot EH_j \qquad (26)$$

Die Multiplikation mit der jeweiligen Frequenz ω_j wird benötigt, um bei der späteren Bestimmung einer Gesamtoszillationsstärke pro Zeiteinheit die höheren Frequenzen nicht unangemessen zu benachteiligen. Auch zeigen die Oszillogramme auf diese Weise ein plausibleres Bild. (Ein vollständiges Verständnis dieses Sachverhaltes liegt noch nicht vor.)

Die Multiplikation mit den EH-Werten entspricht einer Berücksichtigung der sogenannten „einhüllenden Funktion" (siehe hierzu Abschnitt II.A.2 sowie die Abbildungen 2.12 und 2.13). Diese Werte werden vom Programm aus einer Datei eingelesen und können daher beliebig variiert werden, für die Berechnungen der vorliegenden Arbeit wurde verwendet:

$$EH_j = e^{-cEH^2 \cdot (j-45)^2} \qquad \text{„cEH" als Modellparameter wählbar} \qquad (27)$$

Gewählt wurde: cEH = 0.045

Diese Funktion entspricht also einer Normalverteilungskurve. Die Mitte wurde bei j = 45 festgelegt, gemäß dem hier gewählten Frequenzspektrum (siehe Tabelle 2.1) liegt dort eine Frequenz von ω = 1.68 Hz.

Die folgende Gleichung führt zu einer weiteren Abschwächung oder Eliminierung sehr schwacher Oszillationsstärken; je größer der Wert von b gewählt wird, desto stärker ist der Effekt:

$$OS\_K2\_b_{i,j} = \sqrt{(OS\_K2\_a_{i,j})^2 + (b \cdot EH_j)^2} - b \cdot EH_j \qquad (28)$$

„b" als Modellparameter wählbar

Gewählt wurde: b = 5.0

Hieran schließt sich eine weitere Multiplikation, welche keine inhaltliche Bedeutung hat, sondern dafür sorgt, daß die resultierenden Werte nicht zu große Zahlen ergeben:

$$OS\_K2\_c_{i,j} = OS\_K2\_b_{i,j} \cdot cK2p/\sqrt{\pi} \qquad (29)$$

Die sich nun anschließende Fokussierung erfolgt in mehreren Schritten. Zunächst werden als Zentren diejenigen Frequenzen bestimmt, welche jeweils ihre vier nächsten Nachbarn an Oszillationsstärke übertreffen:

$$ZEN_{i,j} = If(OS\_K2\_c_{i,j} = Max\{OS\_K2\_c_{i,j+k}, k = -2,-1,...2\},1,0) \qquad (30)$$

Der Wert für $ZEN_{i,j}$ ist folglich „1", wenn dort ein Zentrum liegt und „0", wenn nicht. Für jedes dieser Zentren wird der Abstand zum unteren Nachbarzentrum (dU) sowie der Abstand zum oberen Nachbarzentrum (dO) bestimmt:

$$dU_{i,j} = j - Max\{jj \mid ZEN_{i,jj} = 1 \wedge jj < j\} \qquad (31)$$

$$dO_{i,j} = Min\{jj \mid ZEN_{i,jj} = 1 \wedge jj > j\} - j \qquad (32)$$

Für jedes der Zentren soll aufsummiert werden, was sich an Oszillationsstärke in der Umgebung befindet. Hierbei wird nach der Entfernung zum Zentrum mit Hilfe der Matrix Co gewichtet; diese wird für m = 1, 2, ... 24 und n = 0, 1, ... 24 definiert durch:

$$Co_{m,n} = 0.5 + 0.5 \cdot Cos(\pi \cdot n/m) \qquad (33)$$

Das Aufsummieren erfolgt in drei Teilvorgängen, hierbei werden zunächst alle Beiträge der Frequenzen unterhalb des jeweiligen Zentrums gesammelt (die Berechnungen der Gleichungen 33 bis 35 werden nur für solche Indexkombinationen i, j ausgeführt, für welche gilt: $ZEN_{i,j} = 1$, d.h. nur für die Zentren):

$$OS\_Foc\_u_{i,j} = \sum_{jj=Max\{j-jU_{i,j},j-24,0\}}^{j-1} OS\_K2_{i,jj} \cdot \frac{Co_jU_{i,j,j-jj} \cdot OS\_K2_{i,j}}{Co_jU_{i,j,j-jj} \cdot OS\_K2_{i,j} + (1-Co_jU_{i,j,j-jj}) \cdot OS\_K2_{i,jj}} \quad (34)$$

Sodann die Beiträge von oberhalb des Zentrums:

$$OS\_Foc\_o_{i,j} = \sum_{jj=j+1}^{Min\{j+jO_{i,j},j+24,jx\}} OS\_K2_{i,jj} \cdot \frac{Co_jO_{i,j,jj-j} \cdot OS\_K2_{i,j}}{Co_jO_{i,j,jj-j} \cdot OS\_K2_{i,j} + (1-Co_jO_{i,j,jj-j}) \cdot OS\_K2_{i,jj}} \quad (35)$$

Diese Berechnungen führen dazu, daß benachbarte Zentren sich die Oszillationsstärken von dazwischenliegenden Oszillatoren „teilen", hierbei wird aber sowohl die relative Stärke zweier Zentren zueinander als auch der Abstand des „aufzuteilenden" Oszillators zu den jeweiligen Zentren gewichtend berücksichtigt. Sollte in einigen Fällen kein oberes oder unteres Nachbarzentrum in einem Abstand bis zu dj = 24 existieren, so wird mit einem „imaginären" Nachbarzentrum im Abstand dj = 24 und einer Oszillationsstärke null gerechnet, d.h. alle Oszillationsstärke dazwischen wird dem einen existierenden Zentrum zugeschlagen.

Die gesamte Oszillationsstärke eines Zentrums ergibt sich aus:

$$OS\_Foc_{i,j} = OS\_Foc\_u_{i,j} + OS\_Foc\_o_{i,j} + OS\_K2_{i,j} \quad (36)$$

Dies bedeutet: Zu den von oben und unten aufsummierten Oszillationsstärken kommt die Stärke des Zentrums selbst hinzu. Die Wirkung der Fokussierung kann anhand eines Vergleichs der Abbildungen 2.16 und 2.19 beobachtet werden.

Die Matrix OS_Foc wird in den Oszillogrammen dargestellt.

Die Zeitschrittweite ist in den Oszillogrammen dieser Arbeit stets größer als in den benutzten Lautstärkeverläufen, wo sie 0.005 s beträgt. Dies ist notwendig, weil andernfalls die einer Grafik zugrundeliegende große Datenmenge nur noch sehr schwierig zu handhaben wäre. Gleichwohl werden die Berechnungen stets mit der Genauigkeit von 5 ms durchgeführt, lediglich das Herausziehen der Daten für den Output erfolgt in größeren Abständen. Hierbei wird für jeden neuen Outputzeitpunkt der Mittelwert aus den intern seit dem letzten Output angefallenen Werten gebildet. Dieses Verfahren sichert eine weitgehende Unabhängigkeit von den Zufälligkeiten bei der Verwendung großer Zeitschrittweiten.

Aus der Matrix OS_Foc mit den Oszillationsstärken wird eine weitere Matrix AN gewonnen, welche die zeitlichen Änderungen der Oszillationsstärken enthält. Hierbei werden die Hilfsgrößen iP_j benötigt, welche angeben, wieviele Zeitschritte der Weite di eine zur Frequenz ω_j gehörige Periode P_j enthält. Bei Indizes, welche den Bereich der Matrix OS_Foc verlassen, wird für den entsprechenden OS_Foc-Wert die Null genommen.

$$iP_j = NI(P_j/di) \tag{37}$$

$$AN\_a_{i,j} = OS\_Foc_{i,j} - OS\_Foc_{i-iP_j,j} \tag{38}$$

In diesem ersten Schritt werden lediglich die Differenzen gebildet. In einem zweiten Schritt erfolgt ein „nachbarschaftliches" Aufsummieren. Dieser Vorgang repräsentiert die Tatsache, daß die Wahrnehmung musikalische Ereignisse auch bei nur *ungefähr* gleichen Zeitabständen als einen einheitlichen Strom auffaßt (siehe hierzu auch die Abschnitte I.C.2 sowie V.D.6). Bei diesem weiteren Rechenschritt wird eine Folge von Gewichtungsfaktoren Gew_k mit k = -4, -3, ... 4 benötigt, welche außer beim mittleren Element ungefähr einer Normalverteilung entsprechen. Erscheinen Indizes, welche den Bereich der Matrix AN_a verlassen, wird für den entsprechenden AN_a-Wert die Null genommen.

$$Gew: = [\ 0.33\ ;\ 0.67\ ;\ 0.95\ ;\ 1.00\ ;\ 0.00\ ;\ 1.00\ ;\ 0.95\ ;\ 0.67\ ;\ 0.33\ ] \tag{39}$$

$$AN\_b_{i,j} = \sum_{k=-4}^{4} Gew_k \cdot AN\_a_{i,j+k} \tag{40}$$

$$AN_{i,j} = If(AN\_a_{i,j} \cdot AN\_b_{i,j} \geq 0, AN\_a_{i,j}, AN\_a_{i,j} + AN\_b_{i,j}) \tag{41}$$

Die Matrix AN wird in den Expektogrammen dargestellt.

Die Gesamtoszillationsstärke O sowie die Gesamtänderungsstärke A eines Musikstücks ergeben sich aus:

$$O = \frac{1}{stop - start} \cdot \sum_{i=istart}^{istop} \sum_{j=0}^{jx} di \cdot OS\_Foc_{i,j} \tag{42}$$

$$A = \frac{1}{stop - start} \cdot \sum_{i=istart}^{istop} \sum_{j=0}^{jx} di \cdot AN_{i,j} \tag{43}$$

Diese beiden Größen werden in der Regressionsrechnung (siehe Kapitel IV, Abschnitt F) als Prädiktoren verwendet.

3. Übersicht der verwendeten Parametereinstellungen

Die in der nachfolgenden Tabelle 2.2 als „Standardeinstellung" aufgelisteten Werte wurden einheitlich für alle Oszillogramme, Expektogramme und die Berechnungen zur Regression verwendet. Die beiden übrigen Konstellationen von Einstellungen ergaben sich bei dem Versuch, die Datenanpassung per Regression getrennt für die beiden Personengruppen zu optimieren (siehe IV.F.4). Diese Optimierung erfolgte anhand einer sehr großen Zahl von Versuchsrechnungen mit verschiedenen Konstellationen von Parameter-Einstellungen. (Diese Prozedur war außerordentlich aufwendig, da für jede der Konstellationen alle 62 Oszillogramme und 62 Expektogramme der bewerteten Versionen und anschließend aus ihnen die Größen A und O jeweils neu berechnet werden mußten. Insgesamt wurden ca. 600 verschiedene Einstellungsmöglichkeiten überprüft, mithin also etwa 37.000 Oszillogramme und ebenso viele Expektogramme ausgewertet.)

Hierbei ist anzumerken, daß die Größe jpx (die Anzahl der Oszillatoren pro Frequenz, jeweils mit verschiedenen Phasen) aus Gründen der Rechenzeiten nicht systematisch überprüft, sondern für den gesamten Optimierungsvorgang auf 24 gesetzt wurde. Nach den bisherigen Erfahrungen sind die Unterschiede in der Varianzaufklärung bei der Regression jedoch gering (maximal 2%), wenn man jpx = 24 statt 48 wählt, so daß diese Maßnahme keine erheblichen Auswirkungen gehabt haben dürfte.

	Standardeinstellung	Optimiert für Experten	Optimiert für Schüler
fV	1	1	1
fS	80	160	30
fdec	3.0	2.7	2.9
jpx	48	24	24
cG	0.5	1.2	1.3
cK1	0.11	0.2	0.17
bK1	0.5	0.5	0.5
fK1	2.4	4.0	3.2
gR	1.0	1.0	2.0
gC	1.0	1.0	1.0
cK2p	0.35	0.325	0.35
cK2n	0.4	0.433	0.4
fK2p	0.4	0.4	0.4
fK2n	0.2	0.233	0.2
cEH	0.045	0.03	0.03
b	5.0	5.73	2.17

Tab. 2.2: Die verwendeten Parametereinstellungen.

Der Optimierungswert von 2.9 für die Decaystärke (fdec) bei den Schülern scheint der Aussage in Abbildung 4.4 zu widersprechen, wo das Optimum bei 3.4 liegt. Hierbei sind jedoch die komplizierten Wechselwirkungen zwischen den verschiedenen Parametern zu berücksichtigen, aufgrund derer sich Optimierungsmaxima verschieben können, wenn die Einstellungen *anderer* Parameter geändert worden sind. Dies ist hier der Fall. Man beachte jedoch, daß sich der generelle Trend (Schüler „haben" ein stärkeres Decay) in beiden Fällen bestätigt.

4. Anhang: Die Berechnung von Genauigkeit und Dynamizität

Gegeben sei eine Folge von k = 1, 2, ... kx Tönen mit den Dauern D_k (den Zeitintervallen bis zum Beginn des nächsten Tones) und den Lautstärken L_k. Die Folge DEX_k enthalte die mathematisch exakten Dauern dieser Töne, so wie sie sich aus den Noten und der Metronomangabe ergeben. LM sei das arithmetische Mittel aller L_k. Dann berechnen sich die Genauigkeit GEN und die Dynamizität DYN dieser Tonfolge unter Verwendung der Hilfsgrößen $\Delta D\%$ und ΔL aus:

$$\Delta D\%_k = (\frac{D_k}{DEX_k} - 1) \cdot 100 \tag{44}$$

$$\Delta L_k = L_k - LM \tag{45}$$

$$GEN = -\frac{1}{kx-2} \cdot \sum_{k=2}^{kx-1} |\Delta D\%_k - \Delta D\%_{k-1}| \tag{46}$$

$$DYN = \frac{1}{kx-1} \cdot \sum_{k=2}^{kx} |\Delta L_k - \Delta L_{k-1}| \tag{47}$$

Genauigkeit und Dynamizität werden also stets so berechnet, daß man die Änderungen gegenüber dem unmittelbaren *Vorgänger*ton aufsummiert. (Für die Genauigkeit wird insgesamt nur bis zum vorletzten Ton gerechnet, da man in vielen Fällen dem letzten Ton nicht sinnvoll eine Dauer zuordnen kann.)

Kapitel III
Analysen

Dieses Kapitel enthält erste Anwendungen des Verfahrens. Die Oszillogramme und Expektogramme einer Reihe von einfachen Rhythmen werden diskutiert. Diese Anwendungen bedeuten einerseits ein Testen des Verfahrens auf musikalische Plausibilität und zeigen andererseits die analytischen Möglichkeiten auf. Die Untersuchungen an Einspielungen von Schlagzeugern in Abschnitt B beleuchten zudem den Weg, der zur Bildung der unter I.D formulierten Hypothesen über den Zusammenhang zwischen den Oszillationen des Modells und musikalischen Qualitäten einer Performance führte.

A. Notierte Rhythmen

Das Oszillogramm zu einem punktierten Rhythmus im mittleren Tempo (Abbildung 3.1) zeigt die stärkste Aktivierung auf der Ebene der Viertelnoten. Dieses Ergebnis erscheint plausibel, ist dieser Rhythmus doch aus gleichen Einheiten eben dieser Länge gebildet, besitzt mithin eine deutliche Viertelnoten-Periodizität. Relativ starke Schwärzung findet sich noch auf der Sechzehntel-Schicht, hier jedoch nicht als durchgehendes Band; die starke Aktivierung dort wird jeweils „angestoßen", wenn zwei Schläge im Sechzehntelabstand erfolgen, und verebbt dann wieder.

Erstaunlich erscheint die Graufärbung im Achteltriolen-Bereich, da dieser Notenwert im Rhythmus selbst nicht enthalten ist. Die Anregung dieser Frequenz erklärt sich aus ihrer Eigenschaft als Oberschwingung der Viertelnoten-Oszillation in Verbindung mit der Tatsache, daß das vorkommende Sechzehntel sich in seiner Dauer von einer Achteltriole nicht sehr unterscheidet. Diese *ungefähre* Gleichheit führt zu einer mäßigen Stimulation. Man beachte, daß hingegen eine andere Oberschwingung der Viertelnoten-Oszillation, nämlich die auf Achtelnoten-Ebene, fast *keine* Anregung erfährt: Denn hierfür gibt es *keine* Unterstützung durch irgendwelche „Ungefähr-Achtel".

Relativ schwach, gleichwohl deutlich zu erkennen, ist die Aktivierung auf Dreisechzehntel- und Fünfsechzehntel-Ebene. Der Rhythmus enthält tatsächlich diese Distanzen mehrfach: erstere jeweils von der punktierten Note zum nachfolgenden Sechzehntel, letztere jeweils vom Sechzehntel zur *übernächsten* Punktierten. Von Periodizität *im strengen Sinne* kann man hierbei nicht sprechen, da die zugehörigen Perioden nicht direkt aufeinanderfolgen, sondern im ersten Falle Lücken lassen und sich im zweiten Falle überlappen.

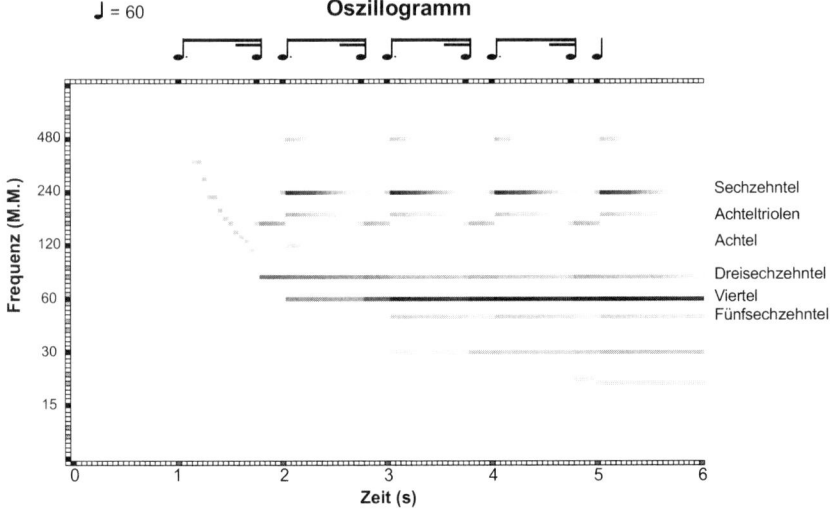

Abb. 3.1: Oszillogramm des punktierten Rhythmus im mittleren Tempo.

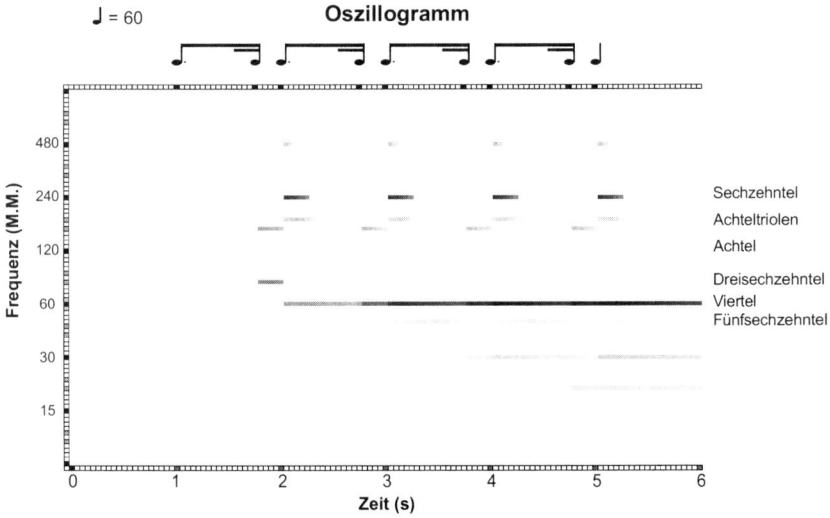

Abb. 3.2: Oszillogramm des punktierten Rhythmus im mittleren Tempo. Das Maß für die Unterdrückung von schwachen Oszillationen in der Umgebung von starken wurde sehr hoch eingestellt.

Festzuhalten bleibt, daß das Verfahren auch für solche „*uneigentlichen*" *Periodizitäten* sensibel ist. Ob sich dies aus musikalischer Sicht als sinnvoll erweist, muß an dieser Stelle offen bleiben. Mit der in Kapitel II beschriebenen zweiten Kontrastverschärfung können solche Aktivierungen nahezu eliminiert werden: Abbildung 3.2 zeigt das Oszillogramm, welches entsteht, wenn die Unterdrükkung von Aktivierung in der Nachbarschaft starker Frequenzen intensiviert wird (der Wert für die Unterdrückungsstärke wurde auf das Sechsfache erhöht und der Wirkungsradius des Effektes vergrößert). Insgesamt ergibt sich dadurch ein klareres Bild.

Die Abbildungen 3.3 und 3.4 enthalten die Oszillogramme vom punktierten Rhythmus im schnellen bzw. langsamen Tempo. Die Aktivierungsmuster sind einander relativ ähnlich, es ergeben sich jedoch Gewichtsverlagerungen als Folge der in Kapitel II beschriebenen einhüllenden Funktion (siehe Abbildung 2.12): Im schnellen Tempo befindet sich die Viertelnoten-Oszillation nahe dem Maximum der Funktion und ist folglich sehr stark, die Sechzehntelnoten-Frequenz rückt weit an den Rand und wird folglich erheblich abgeschwächt; im langsamen Tempo hingegen ist es umgekehrt. Somit rückt im ersten Falle die durchlaufende Oszillation in den Mittelpunkt, im zweiten Falle diejenige, die immer wieder aufs neue angestoßen wird und dann verebbt. Dies korrespondiert mit der Tatsache, daß die musikalische Wirkung des punktierten Rhythmus stark tempoabhängig ist. Im langsamen Tempo wird er beispielsweise als „stockend", im schnellen hingegen als „fließend" empfunden (Motte-Haber 1968, S.151).

Ein Phänomen, welches sich mehr oder weniger ausgeprägt in allen Oszillogrammen findet, läßt sich in Abbildung 3.4 besonders deutlich beobachten: Zu Beginn eines Musikstücks produziert das Verfahren ein leichtes „Rauschen": schwache und zumeist sehr kurzandauernde Oszillationen, welche nicht von musikalischen Ereignissen herrühren, hier zu sehen im Bereich zwischen M.M. = 60 bis 480 von $t = 1$ bis 2.5 s. Diese können als Resultat einer Art von „Einschwingvorgang" gesehen werden. Die Dauer dieses Einschwingvorgangs ist frequenzabhängig, sie beträgt jeweils eine Periode (für Oszillationen mit 2 Hz beispielsweise also 0.5 Sekunden).

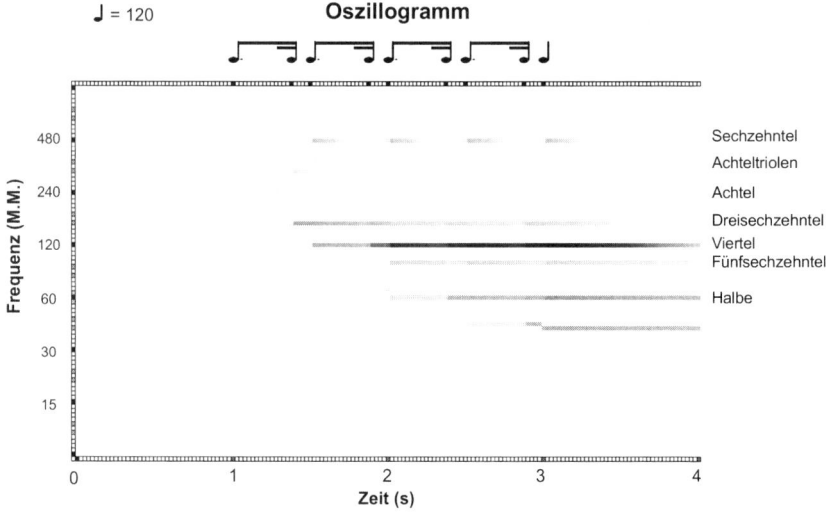

Abb. 3.3: Oszillogramm des punktierten Rhythmus im schnellen Tempo.

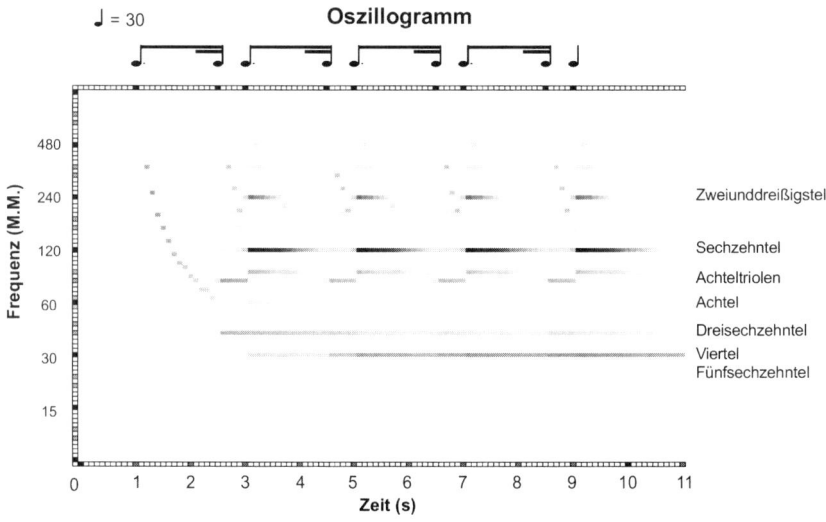

Abb. 3.4: Oszillogramm des punktierten Rhythmus im langsamen Tempo.

Abbildung 3.5 enthält nochmals das bereits aus Kapitel II bekannte Oszillogramm einer Folge von Viertelnoten im Tempo von M.M. = 120. Das Oszillationsband auf Viertelnoten-Ebene zeigt eine wichtige generelle Eigenschaft des

Verfahrens: Die maximale Oszillationsstärke wird erst nach dem vierten Schlag erreicht. Es sind also mehrere Repetitionen erforderlich, um das System maximal zu aktivieren. (Die Anzahl der hierfür erforderlichen Schläge ist nicht fix, sondern über die Stärke des Decay einstellbar.) Diese Eigenschaft erscheint sinnvoll, gerade aus Sicht des postulierten Zusammenhangs mit der rhythmischen *Erwartung*: Denn gewiß steigt die Erwartung (auf Fortsetzung in Viertelnoten) beim Hören einer Viertelnotenfolge für eine Weile an und ist nicht bereits nach zwei Schlägen in voller Stärke vorhanden. Zugleich tritt an dieser Stelle wieder die einem Oszillationsmodell zugrundeliegende dynamische Sichtweise zutage: Periodizität ist nicht einfach „da", sondern löst etwas aus, und zwar um so stärker, je mehr Wiederholungen stattfinden. Verwiesen sei andererseits noch auf die Tatsache, daß bereits nach dem zweiten Schlag eine Färbung bei 2 Hz zu sehen ist: Das System reagiert also bereits auf ein einmalig vorkommendes Zeitintervall.

Wie bereits im Zusammenhang mit Abbildung 2.14 erwähnt, können die schwachen Aktivierungen bei einigen ganzzahligen Vielfachen und Teilern der Viertelnotenfrequenz gleichsam als rhythmische Ober- und Unterschwingungen aufgefaßt werden. Zunächst einmal ist festzustellen, daß das Verfahren stets solche Aktivierungen mitzeugt. Dies geschieht nicht nur bei gleichmäßigen Schlagfolgen, sondern auch bei komplexeren Rhythmen (man beachte etwa die Grauschattierung auf Zweiunddreißigstelebene in Abbildung 3.4). Die musikalische Plausibilität hiervon ergibt sich abermals aus dem Zusammenhang der Oszillationen mit dem Phänomen der *Erwartung*. Gewiß erwartet der Hörer einer Schlagfolge von gleichmäßigen Viertelnoten am stärksten, daß sie genauso fortgesetzt wird, eben in Viertelnoten. Gleichwohl wäre in solch einem Zusammenhang das Erscheinen etwa von Achteln, Halben oder ganzen Noten nicht etwas *völlig* Unerwartetes und besäße immer noch eine höhere Wahrscheinlichkeit als die Fortsetzung mit beliebigen, in einem komplizierteren Verhältnis zur Viertelnote stehenden Zeitintervallen. Die Aktivierung der ganzzahligen Vielfachen und Teiler kann als Spiegelung dieses Faktums gesehen werden und erscheint von daher plausibel.

Bezüglich der Unterschwingungen kommt das bereits in I.C.3 erwähnte Phänomen der „subjektiven Rhythmisation" hinzu: Eine Folge von akustisch völlig identischen, isochronen Pulsen wird in der Regel nicht als eine solche gehört, sondern jeder zweite, dritte oder vierte Puls wird als „betont" empfunden (siehe z.B. Fraisse 1982, S. 155, gelegentlich auch als „Tik-Tak-Effekt" bezeichnet). Dieses „Hinzutun" der menschlichen Wahrnehmung korrespondiert in gewissem Sinne mit dem Hinzufügen von Oszillationen auf Halb-, Dreiviertel- und Ganznotenebene hier im Modell. In diesem Zusammenhang ist noch eine Feinheit zu beachten: Empirische Untersuchungen zur subjektiven Rhythmisation ergaben, daß Betonungen im Abstand von vier Schlägen häufiger wahrgenommen werden als im Dreierabstand (z.B. Bolton 1894, S. 215). Von daher würden wir erwarten, daß die Ganznoten-Oszillation etwas stärker aktiviert ist als die Dreiviertelnoten-Oszillation, tatsächlich jedoch ist es umgekehrt. Dieses Detail führt zu dem wichtigen Aspekt der besonderen Bedeutung von Zweierpotenzen; hierauf wird in Kapitel V noch zurückzukommen sein.

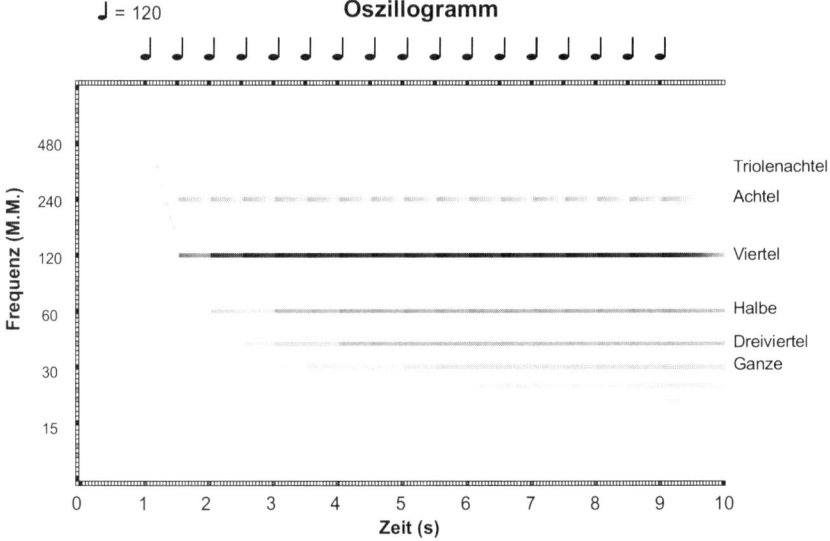

Abb. 3.5: Oszillogramm einer gleichmäßigen Folge von Viertelnoten im Tempo M.M. = 120

Die Viertelnotenfolge in Abbildung 3.6 unterscheidet sich von der in 3.5 durch die Einbindung in das Betonungsschema eines Vierviertel-Taktes. Die Onsetmarkierungen in der oberen horizontalen Leiste spiegeln mit ihren Grauschattierungen die unterschiedlichen Lautstärken: die größte Lautstärke jeweils auf der „Eins", die geringste auf „Zwei" und „Vier". Im zugehörigen Oszillogramm zeigt sich nunmehr eine etwas stärkere Aktivierung auf Halb- und Ganznotenebene.

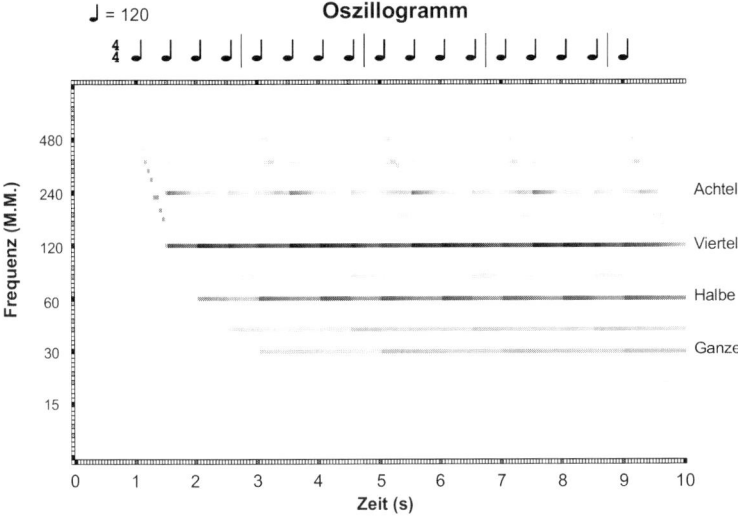

Abb. 3.6: Oszillogramm einer Folge von Viertelnoten mit Tempo M.M. = 120 im Vierviertel-Takt. Die unterschiedlichen Lautstärken der Töne sind in der oberen horizontalen Leiste dargestellt: Je dunkler die Markierung der Onset-Zeitpunkte, desto lauter ist der Ton.

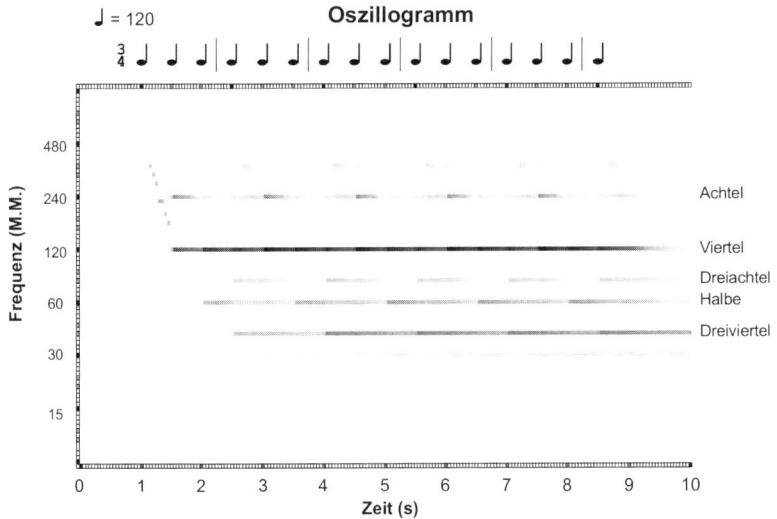

Abb. 3.7: Oszillogramm einer Folge von Viertelnoten mit Tempo M.M. = 120 im Dreiviertel-Takt.

Man vergleiche dies mit dem Oszillogramm eines Dreivierteltaktes (Abbildung 3.7). Dort zeigen sich zusätzlich zu den vorherzusehenden Aktivierungen auf Viertel- und Dreiviertelebene noch relativ starke Oszillationen mit Halbnoten- und Dreiachtelfrequenz. Insgesamt ergibt sich somit ein reichhaltigeres Oszillationsspektrum. Insbesondere ist zu konstatieren, daß beim Viervierteltakt das Frequenzmuster dem einer völlig gleichmäßigen Tonfolge (wie in 3.5) noch relativ ähnlich ist, wohingegen sich beim Dreiviertel als Folge der auftauchenden und wieder verschwindenden Dreiachteloszillation eine andersartige Struktur ergibt. Der qualitative Unterschied, der häufig zwischen einem Dreier- und einem Vierertakt empfunden wird, hat an dieser Stelle eine Entsprechung: Es ergibt sich eine charakteristisch andere Konstellation von Oszillationen, und dies, obwohl sich der Input nur darin unterscheidet, daß im einen Fall jeder dritte, im anderen Fall jeder vierte Ton betont wird.

Tempoänderungen in einem Musikstück können in vielen Fällen im Oszillogramm sehr genau verfolgt werden, so in Abbildung 3.8, wo sich das Band der Hauptoszillation entsprechend den Temposchwankungen um M.M. = 120 aufwärts oder abwärts windet.

Verwickelter sind die Temporelationen in Abbildung 3.9. Dieses Beispiel enthält an der Stelle t = 4.5 eine Verlangsamung von M.M. = 60 nach M.M. = 50 auf Viertelnotenebene, deutlich hörbar, da sich der Abstand von Betonung zu Betonung vergrößert. Auf der Ebene von Note zu Note hingegen ergibt sich infolge des Wechsels zu Achteltriolen eine Beschleunigung. Dieses simultane Auseinanderlaufen des Tempos ist im Oszillogramm am Verlauf der beiden Haupt-Oszillationsbänder zu verfolgen. (Das Beispiel ist inspiriert von Arthur Honeggers „Pacific 231", welches mehrfach Tempowechsel dieser Art enthält, siehe hierzu auch Langner, Kopiez & Feiten 1998.)

Wie schon in den Abbildungen 3.6 und 3.7 zeigt sich auch hier noch einmal die komplexere Struktur des Oszillationsmusters bei Dreiereinheiten: Man vergleiche die durch Achtel ausgelösten Aktivierungen mit denen im Bereich der Triolen.

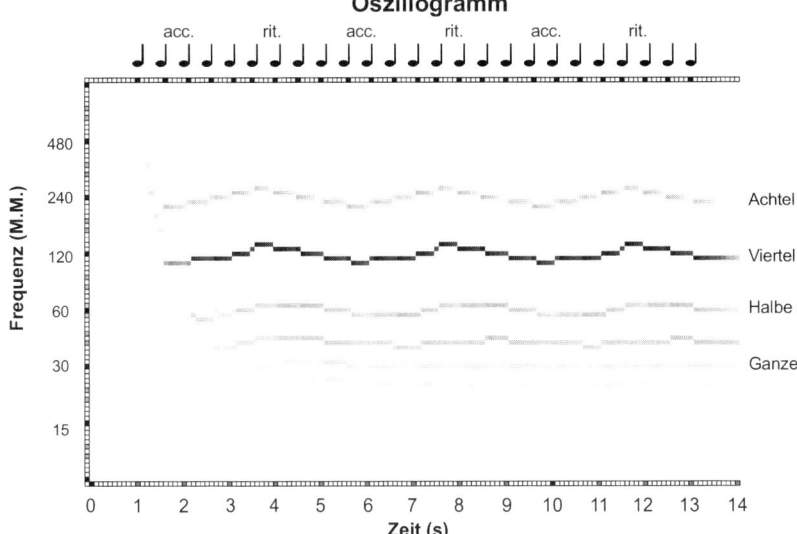

Abb. 3.8: Oszillogramm einer Folge von Viertelnoten mit Temposchwankungen.

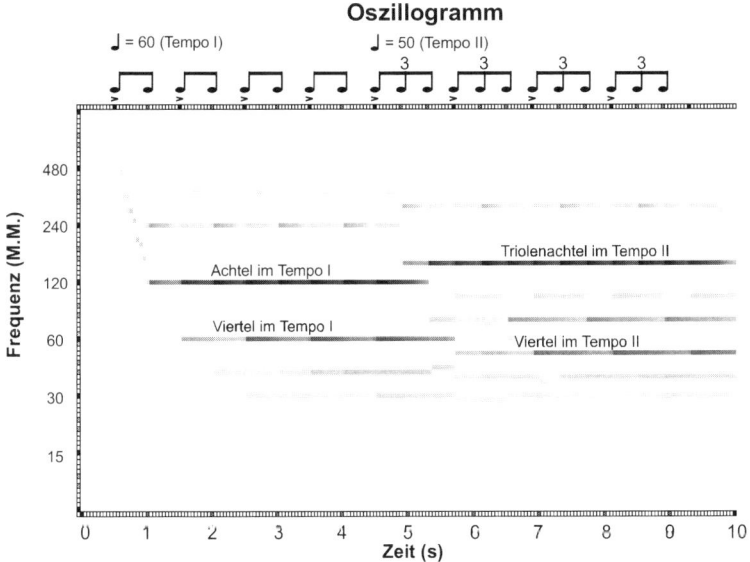

Abb. 3.9: Oszillogramm einer Schlagfolge mit simultaner Verlangsamung und Beschleunigung. Die unterschiedlichen Lautstärken der Töne sind in der oberen horizontalen Leiste dargestellt: Je dunkler die Markierung der Onset-Zeitpunkte, desto lauter ist der Ton.

Abbildung 3.10 enthält das Oszillogramm des sogenannten „Soccer-Rhythmus". (Grundlage ist hier eine sogenannte „Deadpan-Version": Alle Töne sind gleich laut, das Timing ist mathematisch präzise.) Die stärksten Oszillationen finden sich erwartungsgemäß auf den Frequenzen derjenigen Notenwerte, welche auch die Notation dominieren: Achtel und Viertel. Überraschend mag die relativ starke Aktivierung auf der Dreiachtel-Ebene erscheinen: Diese entsteht hauptsächlich infolge des Geschehens in den „interessanteren" Takten zwei und vier – diese Takte weisen in der Tat eine gewisse Tendenz zur Gliederung in 3+3+2 Achtel auf.

Der Blick auf das zugehörige Expektogramm (Abbildung 3.11 in Anhang F) zeigt, daß sich die Synkope in den Takten 2 und 4 durch intensive Blaufärbung in den beiden Hauptoszillationsbändern niederschlägt, und zwar genau dort, wo der eigentlich „erwartete" Ton auf der dritten Zählzeit ausbleibt. Das Expektogramm weist insgesamt ein komplexes Bild auf, zahlreiche Details sind jedoch interpretierbar: So steht intensives Blau im Achtelnoten-Band stets für das Abbrechen einer Achtelfolge und der blaue Bereich auf Dreiachtelebene im dritten Takt korrespondiert mit der Rückkehr zum „normalen" Vierviertel-Takt dort.

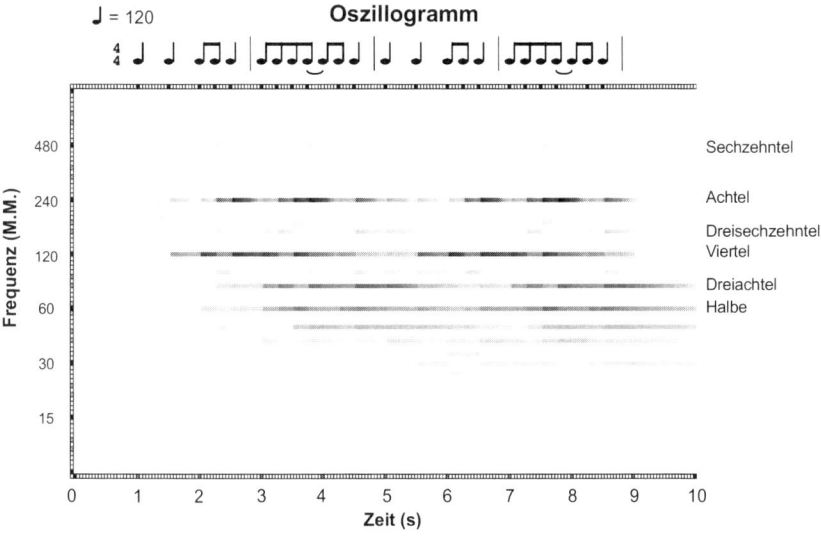

Abb. 3.10: Oszillogramm einer Deadpan-Version des Soccer-Rhythmus.

Als vorläufiges Fazit kann festgestellt werden, daß die Oszillogramme in einigen Fällen überraschende Resultate erbringen, (z.B. beim punktierten Rhythmus „uneigentliche" Periodizitäten „melden"), jedoch insgesamt aus musikalischer Perspektive plausible Ergebnisse zeigen. Eine eingehende Diskussion hierzu wird in Kapitel V, Abschnitt A erfolgen.

B. Einspielungen durch Schlagzeuger

Die Abbildungen 3.12 und 3.13 gehören zu zwei verschiedenen Einspielungen des sogenannten „Bonanza-Rhythmus". Die zu 3.12 gehörige Version (in Kapitel IV als „L3" bezeichnet, CD Track 18) wurde im späteren Experiment als „schlecht" beurteilt, die Einspielung zu 3.13 (S3, CD Track 15) hingegen als „gut". Beide Oszillogramme sind so normiert, daß die Oszillationsstärken miteinander verglichen werden können.

In Abbildung 3.12 finden sich Spuren starker Temposchwankungen: Auf der Achtel-Ebene zeigt sich ein mehrfaches Auf und Ab, die Oszillationen im Bereich der Sechzehntelnoten ergeben sogar überhaupt kein zusammenhängendes Band mehr, die Schwankungen dort sind an manchen Stellen so stark, daß nur noch einzelne „Flecken" bleiben. Auch bei den Vierteln und Halben zeigen sich Verlagerungen der Bänder, insbesondere ist eine Beschleunigung zum Ende hin zu erkennen.

Die Version von 3.13 hingegen zeigt auf Viertel- und Halbnotenebene ein nahezu konstantes Tempo, die Schwankungen beschränken sich hier auf die höheren Bereiche. Wie auf andere Weise schon in Abbildung 3.9, so zeigt sich auch hier eine mehrschichtige Tempogestaltung: konstantes Tempo auf Viertelnotenebene, flexible Gestaltung bei den Sechzehnteln.

Als Charakteristikum der zweiten Einspielung läßt sich der Abbildung 3.13 eine Konzentration auf die Viertel entnehmen, die Oszillationen dieser Frequenz dominieren das Bild, was mit dem Höreindruck gut übereinstimmt.

Insgesamt enthält das Oszillogramm der zweiten, als „gut" beurteilten Einspielung ein Mehr an Schwärzung, bedingt durch die wesentlich stärkere Aktivierung bei den Vierteln. Das Aufsummieren der Oszillationsstärken und die anschließende Division durch die Spieldauer des Rhythmus, also die Berechnung der Gesamtoszillationsstärke, ergibt Werte von $O = 7.30$ bei der ersten und von $O = 8.53$ bei der zweiten Version.

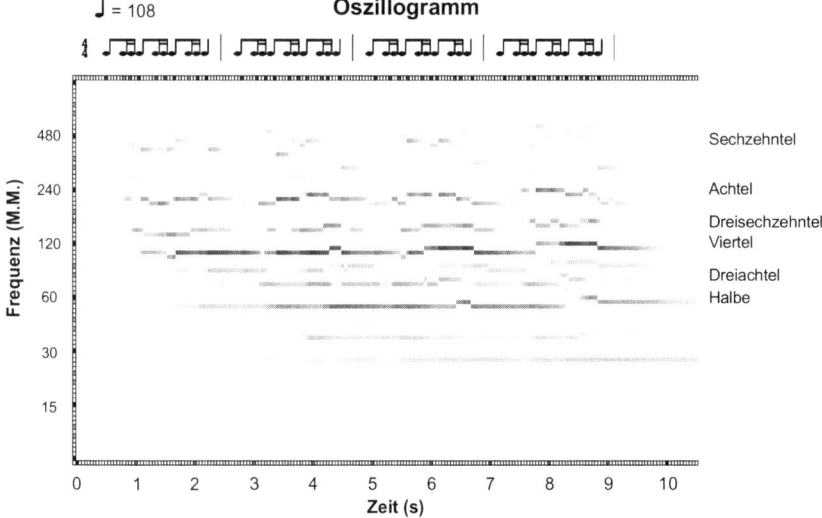

Abb. 3.12: Oszillogramm einer als „schlecht" bewerteten Einspielung des Bonanza-Rhythmus (CD Track 18). Für die Gesamtoszillationsstärke ergibt sich: O = 7.30

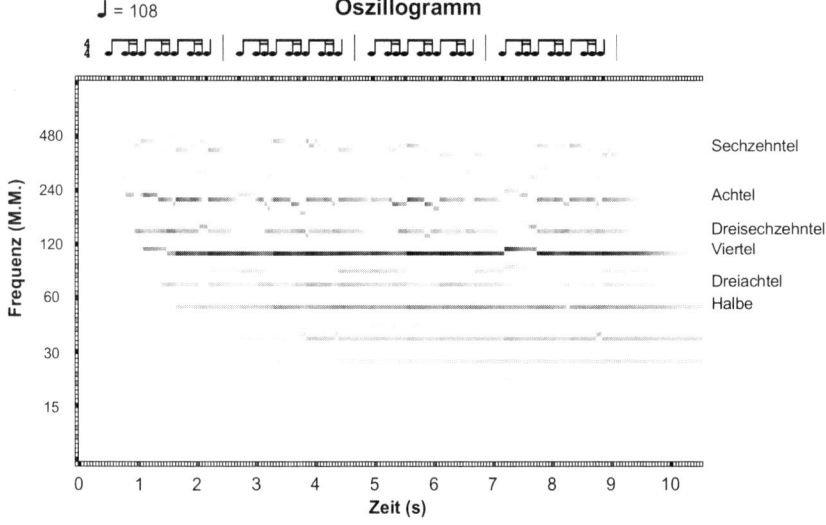

Abb. 3.13: Oszillogramm einer als „gut" bewerteten Einspielung des Bonanza-Rhythmus (CD Track 15). Für die Gesamtoszillationsstärke ergibt sich: O = 8.53

Grundlage der Oszillogramme in den Abbildungen 3.14 und 3.15 sind zwei verschiedene Einspielungen eines Fünfer-Rhythmus. Die erste Version (S1 in Kapitel IV, CD Track 44) wurde als „mittel", die zweite (L1, CD Track 42) hingegen als „gut" bewertet. Wiederum sind beide Oszillogramme so normiert, daß die Oszillationsstärken verglichen werden können.

Die Temposchwankungen sind in beiden Einspielungen nicht sehr groß, dies ist abzulesen an den jeweiligen Achtel-Bändern, die etwas stärkeren Abweichungen gibt es in 3.15.

Die zweite Einspielung (3.15) weist im mittleren Frequenzbereich des Oszillogramms ein wesentlich komplexeres Aktivierungsmuster auf. Dies ist Folge der Tatsache, daß diese Version das asymmetrische Betonungsschema des Fünfer-Taktes wesentlich stärker akzentuiert: Die betonten Taktzeiten unterscheiden sich in der Lautstärke gegenüber den unbetonten viel mehr als in der ersten Version, was an den Färbungen in den jeweiligen Onset-Leisten gut zu sehen ist. Auch die Fünfer-Struktur als Ganzes tritt als Folge dieser Akzente klarer hervor, was sich im Oszillogramm von 3.15 als relativ starke Aktivierung auf der Fünfachtelebene zeigt, wohingegen in 3.14 die Aktivierung dort kaum stärker ist als bei der Halbnoten-Frequenz.

Auf ein Detail sei noch verwiesen: In 3.15 zeigt sich eine schwache Färbung auf Fünfsechzehntel-Ebene. Diese ergibt sich als erste Oberschwingung der relativ stark vorhandenen Fünfachtel-Oszillation. Das Auftreten von Oberschwingungen zeigt sich also auch bei komplexeren Rhythmen.

Als Gesamtoszillationsstärken ergeben sich die Werte $O = 9.78$ für die erste und $O = 8.63$ für die zweite Einspielung. Dies entspricht *nicht* der Bewertung.

Der Blick auf die zugehörigen Expektogramme (3.16 und 3.17 in Anhang F) zeigt jedoch einen Unterschied der Versionen, welcher in den Oszillogrammen nicht so deutlich zutage tritt: Die *Änderungen* der Oszillationsstärken sind bei der zweiten Einspielung erheblich größer. Die bei den Oszillogrammen oben bereits erwähnte höhere Komplexität des Oszillationsmusters im mittleren Frequenzbereich in Version 2 wird mit Hilfe des Expektogramms wesentlich besser sichtbar – und kann auch quantifiziert werden: Die Berechnung der Gesamtänderungsstärken ergibt einen Wert von $A = 4.56$ für die erste und $A = 6.56$ für die zweite Version.

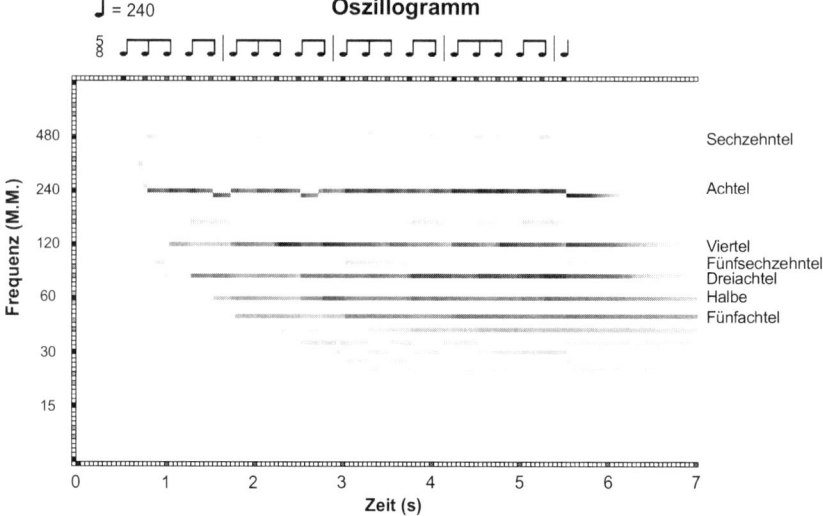

Abb. 3.14: Oszillogramm einer als „mittel" bewerteten Einspielung des Fünfer-Rhythmus (CD Track 44). Für die Gesamtoszillationsstärke ergibt sich: O = 9.78

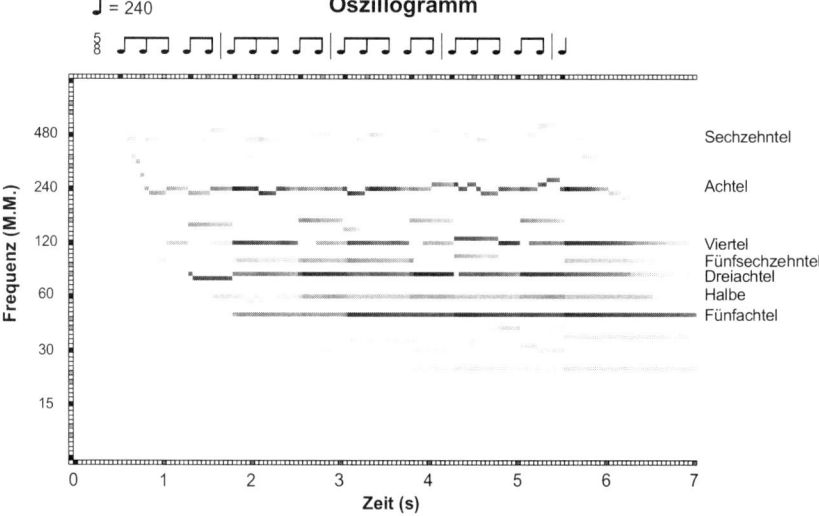

Abb. 3.15: Oszillogramm einer als „gut" bewerteten Einspielung des Fünfer-Rhythmus (CD Track 42). Für die Gesamtoszillationsstärke ergibt sich: O = 8.63

Diese errechneten Werte für die Gesamtoszillationsstärke und die Gesamtänderungsstärke sind zunächst in ihrer Bedeutung schwierig einzuschätzen, da es sich hierbei um völlig neu eingeführte Größen handelt. Hier bedarf es des Vergleichs zahlreicher Beispiele. Zur ersten, groben Orientierung seien die Werte der vier eben betrachteten Einspielungen in einer Tabelle zusammengefaßt:

	Gesamtoszillationsstärke (O)	Gesamtänderungsstärke (A)
Bonanza „schlecht"	7.30	4.77
Bonanza „gut"	8.53	4.49
Fünfer „mittel"	9.78	4.56
Fünfer „gut"	8.63	6.56

Tab. 3.1: Gesamtwerte für die vier betrachteten Einspielungen.

Die beiden Bonanza-Versionen unterscheiden sich erheblich in ihrer Oszillationsstärke, die beiden Fünfer-Einspielungen beträchtlich in ihrer Änderungsstärke. Aus solchen Zahlen entwickelte sich die Vermutung, daß hohe Werte bei O und A mit positiven Bewertungen durch Hörer zusammenhängen und daß man aus einer Kombination dieser beiden Größen die Bewertungen möglicherweise würde „erklären" können.

Kapitel IV
Das Experiment

A. Die Rhythmen

Abbildung 4.1 zeigt das Notenbild der beim Experiment verwendeten Rhythmen. Die meisten dieser Rhythmen sind sehr einfach. Dies schien in Anbetracht der noch wenig fortgeschrittenen Rhythmusforschung ratsam: Je überschaubarer der musikalische Kontext, aus denen die Ergebnisse resultieren, desto größer würde die Chance sein, gesetzmäßige Zusammenhänge zu erkennen. Daß Musiker auch bei einer nur geringen kompositorischen Substanz musikalische Qualitäten lebendig werden lassen können, wurde vorausgesetzt. (Der Verlauf des Experimentes und die Reaktionen der Spieler auf diese Rhythmen ergab keine Indizien, die gegen diese Annahme gesprochen hätten.)

Bei aller angestrebten Einfachheit galt es, möglichst viele verschiedene Grundtypen rhythmischer Gestaltung in das Experiment einzubeziehen. Dies würde es erlauben, Geltungsbereich und Grenzen von Aussagen zu erkennen, generell das Studieren verschiedenartiger Phänomene gestatten. Aus dieser Forderung folgte insbesondere, sich nicht nur auf binäre Strukturen zu beschränken, sondern auch Triolen und Dreiertakte („Triolen", „Bolero") sowie asymmetrische Bildungen („Fünfer" und „Siebener") zu verwenden. Synkopen finden sich in den Rhythmen „Soccer" und „Opus 4", starke Betonungen auf eigentlich unbetonten Taktteilen in „Drive". Die beiden Rhythmen „Bonanza" und „Marsch" repräsentieren insoweit zwei gegensätzliche Typen, als bei dem ersten die schnelle Sechzehntelbewegung auf dem unbetonten, bei dem zweiten jedoch auf dem betonte Taktteil beginnt. (Die Kombination mit der Viertelnote wurde vorgenommen, um die Ergebnisse ggf. mit denen bei Gabrielsson 1974 vergleichen zu können, welcher exakt diese beiden Rhythmen für ein Performance-Experiment verwendete.) Eine gewisse Sonderstellung nehmen „Opus 3" und „Opus 4" ein: Beide sind nichtostinate, gleichsam „durchkomponierte" Rhythmen. Sie wurden einbezogen, um das Verhalten des Oszillationsmodells auch im Falle geringer ausgeprägter Periodizität, gewissermaßen also in einem Grenzbereich zu testen, (und waren speziell für diesen Zweck kreiert worden). Ausgeschlossen blieben Rhythmen aus nichteuropäischen Kulturkreisen; die dadurch herbeigeführte Verkomplizierung erschien angesichts des derzeitigen Forschungsstandes nicht wünschenswert. Daß sich unter den Rhythmen zwei von einer gewissen „Popularität" befinden („Soccer" und „Bolero"), sei am Rande vermerkt. Ihre Popularität mag als Indiz dafür genommen werden, daß sich in diesen beiden rhythmischen Strukturen vergleichsweise starke musikalische „Charaktere" ausprägen, was sie als Untersuchungsobjekte natürlich interessant erscheinen läßt.

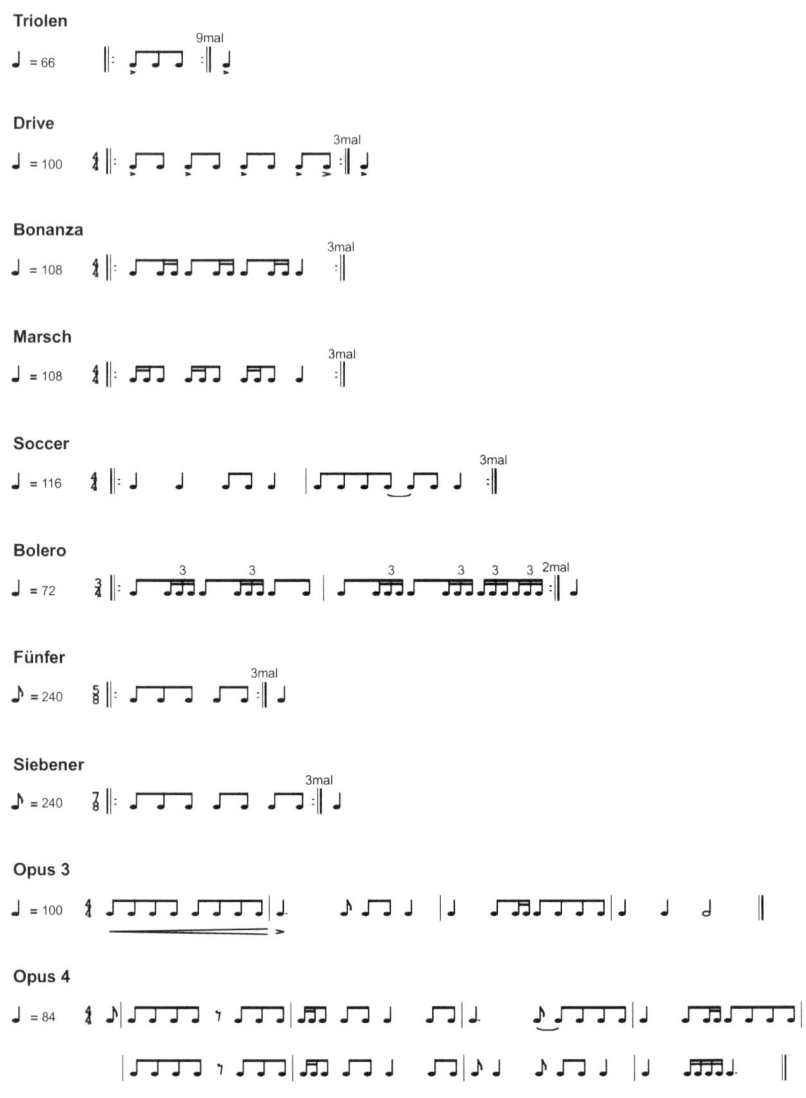

Abb. 4.1: Das Notenbild der im Experiment verwendeten Rhythmen. Die Angaben über den Wiederholungszeichen bezeichnen die Anzahl der gewünschten *Wiederholungen*, so führt eine 3malige Wiederholung beispielsweise zu einem 4maligen Spielen der Einheit.

B. Die Einspielungen

1. Versuchspersonen

Die Versuchspersonen (Vpn) sollten in der Lage sein, die vorgegebenen Rhythmen ohne längeres Üben fehlerfrei im Sinne einer korrekten Realisierung der Noten zu spielen. Andererseits war es ein wichtiges Ziel, Einspielungen unterschiedlicher musikalischer Qualität zu gewinnen. Aus diesen Gründen wurden an der Musikhochschule Hannover drei Lehramtsstudenten ohne Ausbildung am Schlagzeug, drei Studierende mit Hauptfach Schlagzeug und ein Hochschullehrer für Schlagzeug zu Aufnahmen gebeten.

2. Durchführung

Den Spielern war vorab mitgeteilt worden, daß sie einige einfache Rhythmen mit den Händen auf einer Conga zu spielen hätten. Sie bekamen darüber hinaus mehrere Tage vor der Aufnahme die Noten von „Opus 3" und „Opus 4" mit der Bitte zugesandt, sich mit den unbekannten und etwas ungewöhnlichen Rhythmen vertraut zu machen.

Die Einspielungen der zehn abgebildeten Rhythmen erfolgten als Teil eines umfangreicheren Performance-Experiments mit insgesamt 25 Rhythmen. (Ein großer Teil hiervon bestand aus noch einfacheren Schlagfolgen wie etwa dem punktierten oder dem lombardischen Rhythmus, zum Teil auch in verschiedenen Tempi.) Die Spieler erhielten die Noten und wurden aufgefordert, die Rhythmen „so gut wie möglich" zu spielen, und zwar „gut im musikalischen Sinne". Bei Bitte um genauere Beschreibung wurde zusätzlich die Erläuterung „gut im Sinne von lebendig und organisch" gegeben. Eine kurze Tempoorientierung erfolgte per Metronom, das allerdings vor Aufnahmebeginn wieder abgeschaltet wurde. Die Musiker erhielten Gelegenheit, die Einspielung zu wiederholen, wenn sie selbst mit ihrem Ergebnis nicht zufrieden waren – entweder sofort oder am Schluß, nachdem alle Aufnahmen noch einmal angehört worden waren. Nach Beendigung einer Aufnahmesession fand ein kurzes Gespräch statt, in welchem die Spieler Gelegenheit erhielten, den Vorgang zu kommentieren.

Auf eine weitergehende Beschreibung der Aufnahmeprozedur sei an dieser Stelle verzichtet, da es im Rahmen der vorliegenden Arbeit lediglich um die Materialgewinnung für das Bewertungsexperiment geht, nicht jedoch die Performances selber einer Analyse unterzogen werden sollen.[1]

---

[1] Das gesamte Performance-Experiment mit allen 25 eingespielten Rhythmen wurde bislang nur in Teilen ausgewertet. Nach Abschluß der Arbeiten wird hierzu eine weitere Publikation erfolgen.

3. Ergebnisse/Auswertung

Die Reaktionen der Spieler auf die ihnen gestellte Aufgabe zeigte einen nur sehr geringen Diskussionsbedarf über die Anweisung, „so gut wie möglich" zu spielen. Offenbar war ihnen diese Aufforderung unmittelbar verständlich, und die von einigen geäußerten Nachfagen hatten den Charakter eines Sich-Vergewisserns (z.B.: „Also nicht exakt, sondern musikalisch spielen?"), wiesen hingegen nicht auf grundsätzliche Probleme. In keinem Falle wurde von den Musikern in Zweifel gezogen, daß es möglich sei, solch einfache Rhythmen „musikalisch gut" zu spielen.

Die verschiedenen Einspielungen der Rhythmen zeigten häufig deutliche Unterschiede in der musikalischen Gestaltung und – nach erster Einschätzung durch den Versuchsleiter – auch bezüglich der musikalischen Qualität. Das Ziel, geeignetes Ausgangsmaterial für das Bewertungsexperiment zu erhalten, wurde somit erreicht.

Die Aufnahmen wurden nach den in Abschnitt II.A beschriebenen Verfahren analysiert. Für jeden einzelnen Ton einer jeden Einspielung erhielt man somit die Lautstärke und seinen Einsatzzeitpunkt auf 5 ms genau.

C. Weiterverarbeitung der Einspielungen

1. Normierung, Übertragung auf einen Schlagzeug-Computer

Verwendet man eine solche Serie von verschiedenen Einspielungen desselben Rhythmus für ein Bewertungsexperiment, so besteht die folgendende Gefahr: Eine Version, welche sich in ihrer mittleren Lautstärke oder ihrem mittleren Tempo relativ stark von den anderen unterscheidet, könnte eine positive Wertung einfach deshalb erzielen, weil sie den Vpn in einem relativ monotonen Experiment Abwechslung verschafft.

Erforderlich war daher zum einen eine Lautstärkenormierung. Diese erfolgte durch eine proportionale Verringerung oder Vergrößerung aller Werte, und zwar so, daß die mittlere Lautstärke aller Onsets anschließend 8 Sone betrug. Die Lautstärke*relationen* blieben dabei so erhalten, wie sie vom Spieler vorgenommen worden waren.

Zum anderen ergab sich die Notwendigkeit einer Temponormierung. Hierbei wurden die Inter-Onset-Intervalle so gestaucht oder gestreckt, daß das in den Noten geforderte Tempo insgesamt als Durchschnitt erreicht wurde; die originale Timing-Gestaltung des Spielers blieb dabei in den *Proportionen* erhalten.

Diese Normierungen wurden zunächst rein rechnerisch durchgeführt, aus diesen Werten dann jedoch mittels eines Sequenzer-Programms (Pro Audio Spektrum 1.0) und eines Schlagzeug-Computers (Yamaha RX5, Sound: Conga High) wieder eine hörbare Fassung erstellt. Ausschließlich diese Computerfassungen wurden den Vpn der Bewertungsexperimente vorgespielt. (Obwohl nun also nur noch ein Computerklang zu hören war, so blieben gleichwohl alle wesentlichen Merkmale der Lautstärke- und Timinggestaltung durch die Spieler erhalten.)

Eine solche Übertragung der Einspielungen auf den Computer war auch deshalb erforderlich, weil die klangfarbliche und artikulatorische Gestaltung eliminiert werden sollte, welche auf einer Conga grundsätzlich möglich ist und von den Spielern in gewissem Umfang auch vorgenommen wurde. Klangfarbe[2] und Artikulation waren im Hörexperiment für alle Töne gleich, und die Vpn mußten sich folglich für ihre Bewertung ausschließlich auf die Lautstärke- und Timinggestaltung (Einsatzzeitpunkte) stützen, bekamen also nur diejenigen „Informationen", die auch vom Modell verarbeitet werden können.[3] Das auf diese Weise erzeugte Mehr an Monotonie für die Versuchsteilnehmer war bedauerlich, mußte jedoch in Kauf genommen werden.

Die vorgenommene Lautstärkenormierung ist noch in anderem Zusammenhang zu sehen: Die Oszillationsstärken sind an die absoluten Lautstärkewerte linear gekoppelt. Wenn nun gemäß der Hypothese hohe Gesamtoszillationsstärken zur Voraussage positiver Bewertungen taugen sollen, so wäre die Berechnung dieser Größe anhand einer nichtnormierten Fassung absurd – würde dies doch bedeuten, daß der insgesamt lautere Spieler einfach infolge dieses Lauterspielens den höheren Wert erzielt und folglich positiver bewertet werden müßte. (Daß es gewisse andere Situationen gibt, in denen sogar die Gesamtlautstärke mit in die Bewertung einfließt, sei hiermit nicht bestritten.)

Aus diesem Grunde ist das Computerprogramm des Modells so eingerichtet, daß es mit jedem Input gleich zu Beginn der Rechnung eine entsprechende Lautstärkenormierung durchführt. So ist die Vergleichbarkeit der Oszillationsstärken stets gewährleistet.

2. Synthetische und halbsynthetische Versionen

Die technischen Möglichkeiten erlauben es, durch Bearbeitung der vorhandenen Einspielungen weitere Versionen zu gewinnen oder nach beliebigen Vorgaben ganz neue Fassungen zu generieren. Im Rahmen dieser Studie wurden verwendet:

---

[2] Genauer gesagt: Die Klangfarbe variierte nun gleichförmig mit der Lautstärke, entsprechend der Programmierung des Conga-Sounds auf dem Schlagzeug-Computer.
[3] Die Gestaltung der Artikulation wird – soweit es den Bereich legato/staccato betrifft – von dem Modell an sich berücksichtigt. Zum Entstehungszeitpunkt der vorliegenden Arbeit lagen jedoch noch keine experimentellen Hinweise vor, ob dieser Gestaltungsparameter in korrekter (musikalisch plausibler) Weise verarbeitet wird. Es war von daher wünschenswert, diesen Bereich aus dem Experiment herauszuhalten.

- *Separatversionen.* Diese gibt es in zwei Varianten: Entweder wird nur die Lautstärkegestaltung einer Einspielung übernommen und das originale Timing entfernt (d.h. mathematisch präzise gesetzt), oder aber man beläßt das originale Timing und eliminiert die Lautstärkeunterschiede. Die beiden Gestaltungsbereiche werden auf diese Weise voneinander separiert.
- *Ausschnittsversionen.* Bei der Einspielung eines Rhythmus, welcher aus mehreren Wiederholungen eines Teils besteht (wie z.B. der „Bolero"), wird einer dieser Teile herausgeschnitten und anschließend mehrfach aneinandergesetzt. Folglich besteht eine solche Version aus einer Reihe von gleichen Einheiten. Von dieser Möglichkeit wurde Gebrauch gemacht, wenn sich die Einheiten innerhalb einer Einspielung stark voneinander unterschieden, was bei den Vpn in Vorversuchen häufig zu Unschlüssigkeit geführt hatte („Takt 1 war ja prima, aber Takt 3 völlig daneben, was soll ich jetzt für eine Zensur geben?"). Dies war insbesondere bei den Rhythmen „Soccer I", „Soccer II" und „Bolero" der Fall, daher wurden hier von allen Einspielungen Ausschnittsversionen erstellt und diese im Experiment verwendet.
- *Durchschnittsversionen.* Hierzu werden für jeden Ton

  a) der mittlere zeitliche Abstand zum Nachfolger und

  b) die mittlere Lautstärke

  über alle der zuvor normierten Einspielungen berechnet. Trotz dieser mathematischen Prozedur ist eine Durchschnittsversion kein rein synthetisches Produkt, sondern kann als „Gemeinschaftswerk" der beteiligten Spieler gesehen werden.
- *modifizierte Durchschnittsversionen.* Basis hierfür ist die Durchschnittsversion, jedoch wird deren Gestaltungscharakteristik beim Timing und/oder der Lautstärke um einen gewissen Faktor verstärkt. So werden dann etwa die lauten Töne einer Version noch etwas lauter, die leisen hingegen noch etwas leiser gesetzt.
- sogenannte *„Deadpan"-Versionen.* Das Timing ist hierbei mathematisch präzise, die Lautstärke für alle Töne gleich.
- Bei *modifizierten Deadpan-Versionen* werden gewisse, schematische Lautstärkeunterschiede programmiert, so können beispielsweise die Lautstärken gemäß dem Betonungsschema einer Taktart gesetzt werden.

D. Die Auswahl der Versionen

Mit den jeweils sieben normierten Original-Einspielungen und den zusätzlichen synthetischen und halbsynthetischen Versionen stand für jeden der Rhythmen eine größere Anzahl von Beispielen für das Bewertungsexperiment zur Verfügung. In Vorversuchen mit kleinen Gruppen von Gymnasialschülern

(17 und 18 Jahre alt) hatte sich gezeigt, daß beim Bewerten von mehr als sechs verschiedenen Versionen die Konzentrationsfähigkeit und Ausdauer der Vpn überproportional beansprucht werden. Zudem erwies es sich als vorteilhaft, die Anzahl der Versionen pro Rhythmus zu variieren – dies bringt ein zusätzliches Moment der Abwechslung für die Teilnehmer. Folglich galt es, aus der großen Zahl der Versionen eine geeignete Auswahl zu treffen.

Erstes Kriterium hierbei war die Unterschiedlichkeit der musikalischen Qualität. Jeder Beispielgruppe wurde je eine der in den Vorversuchen als gut, mittel und schlecht bewerteten Versionen zugewiesen. Dieses Kriterium stand einerseits im Dienste des inhaltlichen Anliegens der Untersuchung: Das Modell sollte mit einem möglichst breiten Qualitätsspektrum von Versionen getestet werden. Zum anderen hatte sich in den Vorversuchen aber auch gezeigt, daß die Motivation der Vpn leidet, wenn sich die Beispiele zu wenig voneinander unterscheiden.

Ein zweiter Auswahlgesichtspunkt betrifft die synthetischen und halbsynthetischen Versionen. Beim künstlichen Erzeugen von Fassungen entstanden in manchen Fällen extreme Varianten – so zum Beispiel die Triolen-Version M-LT+ (CD Track 4) mit extremen Lautstärkeunterschieden – und das Testen des Modells auch unter solchen Bedingungen war wünschenswert. Daher wurde entschieden, auch und gerade solche Fassungen mit einzubeziehen.

Schließlich fiel bei der Erstellung der halbsynthetischen Versionen die oft frappierende musikalische Qualität der *einfachen Durchschnittsversionen* auf. Hierbei stellte sich die (im Zusammenhang dieser Arbeit zwar nebensächliche, aber im allgemeinen sehr interessante) Frage, ob sich dieser spontane Eindruck bestätigen würde. Daher wurden auch diese Varianten häufig für das Experiment ausgewählt.

Ein Sonderfall liegt bei „Bonanza" vor. Zu diesem Rhythmus gibt es *zwei* Beispielgruppen. Zum einen werden die beiden Separatversionen einer Einspielung neben das Original gestellt, diese Gruppe besteht also nur aus drei Versionen („Bonanza I"). Zum anderen erscheint dieses Original ein zweites Mal in der Umgebung anderer Beispiele („Bonanza II"). Durch diese Konstellation wird ein Blick auf die Bedeutung des *Kontextes* der Mit-Versionen für die Bewertung möglich.

Ein zweiter Sonderfall besteht bei „Soccer". Auch hier gibt es *zwei* Gruppen, hier jedoch aus anderem Grund: Die sieben originalen Einspielungen enthielten nämlich nach Einschätzung vieler Teilnehmer der Vorversuche überhaupt keine „gute" Fassung. Daher wurden zwei weitere modifizierte Deadpan-Versionen erstellt und zusätzlich bei allen Einspielungen das Tempo erhöht. Mit diesen Varianten ergab sich eine zweite, „Soccer II" genannte Beispielreihe.

Eine vollständige Übersicht über die ausgewählten Versionen geben die Tabellen 4.3 bis 4.14 in Abschnitt E.3.

E. Die Bewertung

1. Versuchspersonen

Es war zu vermuten, daß insbesondere die beiden Faktoren der musikalische Bildung und des Alters der Vpn die Bewertungen beeinflussen würden. Diesem Umstand wurde durch die Einbeziehung zweier unterschiedlicher Personengruppen Rechnung getragen: der *„Experten"* und der *Schüler*.

„Experte" im hier gemeinten Sinne war, wer Musik studiert hat oder noch studiert. In dieser Gruppe fanden sich zahlreiche Gymnasiallehrer mit Fach Musik, aber auch eine Reihe von Musikstudenten mit dem Ausbildungsziel eines Berufsmusikers. Hinzugenommen wurden (als Ausnahmen) noch ein weiterer Student sowie vier ältere Gymnasialschüler, welche von ihren Lehrern allesamt als sehr gute (ausübende) Musiker bezeichnet wurden. Um die Auswahl der Vpn nicht allein von persönlicher Bekanntschaft bestimmen zu lassen, waren alle Gymnasiallehrer mit Fach Musik im Raum Braunschweig um ihre Mitwirkung gebeten worden; darüber hinaus wurden weitere Personen angesprochen, welche aus dem erstgenannten Kreis die Empfehlung erhielten, ein „sehr guter Musiker" zu sein.

Die Gruppe der 24 Experten-Versuchspersonen setzte sich zusammen aus:
- 12 Gymnasiallehrer mit dem Fach Musik
- 1 Musikschullehrer
- 6 Musikstudenten
- 1 Student
- 4 Gymnasialschüler

Die Zusammensetzung nach Alter und Geschlecht wird in Tabelle 4.1 dargestellt. Bei den jüngeren Experten ergab sich ein Altersdurchschnitt von 20, bei den älteren von 42 Jahren.

	beide Geschlechter	männlich	weiblich
beide Altersstufen	24	16	8
16 bis 30 Jahre	11	8	3
31 bis 53 Jahre	13	8	5

Tab. 4.1: Stärke der Untergruppen bei den Experten-Versuchspersonen

Die Schüler-Versuchspersonen waren 127 Gymnasiasten aus insgesamt acht Gruppen an niedersächsischen Schulen: sieben Musikkurse der 11. und 12. Jahrgänge (Alter: 16 bis 19 Jahre) sowie eine Hochbegabtenklasse des 10. Jahrgangs (15 und 16 Jahre). Mit Ausnahme der letztgenannten Gruppe handelte es sich also um Schüler mit zumeist besonderer Affinität zum Gegenstand Musik, denn Musik wird in Niedersachsen ab dem 11. Jahrgang nur noch als Wahlpflichtfach mit der Alternative „Kunst" erteilt. Dieses Abweichen von der „Normalpopulation" an Gymnasien wurde durch die Überlegung begründet, daß die geplanten Experimente von den Vpn erhebliche Konzentrationsfähigkeit und Durchhaltevermögen, mithin auch gute Motivation verlangen würden, und diese Voraussetzung in Musikkursen am besten gegeben zu sein schien. Immerhin befanden sich unter den Schülern der ausgesuchten Gruppen dennoch eine erhebliche Anzahl von „Nichtmusikern". (Als „Nichtmusiker" wurde eingeordnet, wer nicht mindestens drei Jahre Einzelunterricht in einem Instrument oder mindestens sieben Jahre Praxis in einer Musikgruppe wie Chor oder Band gehabt hat.) Tabelle 4.2 enthält die genauen Angaben zur Zusammensetzung.

	beide Geschlechter	männlich	weiblich
beide Untergruppen	127	66	61
Nichtmusiker	52	31	21
Musiker	75	34	40

Tab. 4.2: Stärke der Untergruppen bei den Schüler-Versuchspersonen

Die Experten und Schüler, so wie sie für dieses Experiment ausgewählt wurden, unterschieden sich nicht nur bezüglich der musikalischen Ausbildung, sondern auch hinsichtlich des Alters. Dieser Umstand mag auf den ersten Blick unbefriedigend erscheinen, erschwert er doch mögliche Schlußfolgerungen aus den Ergebnissen. Diesem Nachteil wurde jedoch durch die Bildung von Untergruppen entgegengewirkt: Zum einen erfolgte bei den Experten eine Aufteilung in zwei deutlich unterschiedliche Altersgruppen (wobei die jüngere Hälfte mit einem Durchschnittsalter von 20 Jahren noch relativ nahe am Schüleralter lag), zum anderen wurde bei den Schülern die erwähnte Separierung nach Musikern und Nichtmusikern vorgenommen, also in gewissem Sinne das „Expertentum" der Schüler-Vpn mit berücksichtigt. Aus dieser Konstellation heraus sollten sich zumindest Anhaltspunkte dafür finden lassen, ob die vermuteten Bewertungsunterschiede eher einen Effekt der musikalischen Ausbildung darstellen oder aber auf das Alter zurückzuführen sind.

2. Durchführung

a) Vorversuche und Schlußfolgerungen

Verschiedene Varianten der Durchführung wurden – wie bereits erwähnt – vorab getestet. Hieran waren 14 Gymnasialschüler im Alter von 17 bis 18 Jahren mit und ohne musikalische Vorbildung beteiligt. Ziel dabei war es, dasjenige Design zu finden, welches den Beteiligten ihre Aufgabe weitestmöglich erleichtert und Konzentrationskraft und Motivation während des Versuchs erhält. Hierzu wurden die Teilnehmer intensiv befragt.

Die Methode des Paarvergleichs erwies sich hierbei als problematisch (zu große Monotonie des Ablaufs durch die vielen notwendigen Einzelvergleiche). Des weiteren wurde deutlich, daß sich die Vpn bei der Bewertung mit der herkömmlichen Zensurenskala sicherer fühlten als mit anderen Punktesystemen. (Die Zensurenskala wurde im folgenden stets als Intervallskala betrachtet, was sie strenggenommen nicht ist, als was sie jedoch in der Praxis von Schule und Hochschule stets genommen wird.)

Weiterhin stellte sich heraus, daß nicht mehr als sechs verschiedene Versionen eines Rhythmus gespielt werden sollten (bei mehr als sechs wird es schwierig, den vergleichenden Überblick zu behalten), und die Vpn empfanden es als angenehm, wenn die Anzahl der Beispiele pro Rhythmus variierte („Bonanza I" mit nur drei verschiedenen Versionen wirkte stets „erfrischend"). Die Gruppierung von sechs Beispielen in vier plus zwei (zum genauen Ablauf siehe unten) sah man ebenfalls als vorteilhaft an.

Generell zeigte es sich, daß angesichts der unvermeidlichen Monotonie der Hörbeispiele jede Möglichkeit für eine Abwechslung genutzt werden sollte: Hierzu zählte es, die Stimmung des Conga-Sounds nach jedem Rhythmus zu ändern (die Tonhöhe der Schlaginstrumente läßt sich im Schlagzeugcomputer verstellen) und bei der Auswahl der Rhythmus-Reihenfolgen Einförmigkeit im Tempo oder in der Art der Rhythmen zu vermeiden.

b) Die Versuche mit den Experten

Die Versuchspersonen waren vorab darüber informiert worden, daß das Experiment Teil einer wissenschaftlichen Untersuchung von Schlagzeug-Performances ist.

Ihnen wurde zu Beginn des Versuchs mitgeteilt, daß sie zu einer Reihe von einfachen Rhythmen jeweils verschiedene Einspielungen von Angehörigen einer Musikhochschule hören würden. Ihre Aufgabe bestünde darin, anhand der gängigen Schul-Zensurenskala von 1 bis 6 zu bewerten[4], wie gut diese Rhythmen jeweils gespielt seien, „gut im musikalischen Sinne" wurde hinzugefügt. Zusätzlich seien sie aufgefordert – falls möglich –, Charakterisierungen der Versionen oder Begründungen ihrer Urteile auf den vorbereiteten Bögen (siehe Anhang) neben den Zensuren zu notieren. Schließlich wurden die Vpn über den Ablauf des Versuchs informiert.

---

[4] Auch Zwischenzensuren wie 2-3 oder 4+ wurden zugelassen.

Der Ablauf erfolgte für jeden der Rhythmen in gleicher Weise:
1) kurzer Blick der Vpn auf den Notentext (mehr Zeit bei „Opus 3" und „Opus 4")
2) erster Hördurchgang der Versionen 1 bis 4 zur Orientierung, ohne Schreibpausen
3) zweiter Hördurchgang der Versionen 1 bis 4
4) Wiederholung einzelner Versionen entsprechend den Wünschen der Vpn
5) erster Hördurchgang der Versionen 5 und 6 zur Orientierung, ohne Schreibpausen
6) zweiter Hördurchgang der Versionen 5 und 6
7) Wiederholung einzelner Versionen entsprechend den Wünschen der Vpn
8) Kontrolldurchgang: Versionen 1 bis 6 in *umgekehrter* Reihenfolge

Nach jeder Version wurde eine kurze Schreibpause gegeben, Ausnahmen hiervon bildeten lediglich die Orientierungshördurchgänge der Schritte 2) und 5). Für den Fall, daß lediglich fünf Beispiele zu bewerten waren, wurden die Schritte 5), 6) und 8) entsprechend verkürzt. Eine Aufteilung in vier plus zwei oder vier plus eins Versionen fand (mit Ausnahme des nur drei Fassungen enthaltenden Rhythmus „Bonanza I") jedesmal statt.

Nach Abschluß der gesamten Sitzung wurden die Teilnehmer nach ihren Eindrücken und Kommentaren gefragt. Erst bei diesem Gespräch erfuhren die Versuchspersonen, daß sich auch Deadpan- und Durchschnittsfassungen unter den Beispielen befunden hatten.

Das Experiment fand im privaten Arbeitszimmer des Verfassers statt. Die Wiedergabe der Rhythmen erfolgte monophon über einen Instrumentenverstärker Yamaha G-5 mit leichter Beigabe von Hall (zur Klangerzeugung siehe Abschnitt C.1). Die mittlere Lautstärke an den Plätzen der Vpn betrug ca. 70 dB, dies entspricht ungefähr 8 Sone.

Die Vpn nahmen entweder einzeln oder zu zweit teil. Insgesamt waren die 24 Personen auf 17 Sitzungen verteilt. Der Zeitbedarf für das Beurteilen der 47 Versionen der 9 Rhythmen variierte stark, manche Teilnehmer ließen sich während der Phasen 3) und 6) sehr viele Versionen wiederholen („bitte die 2 nochmal im Vergleich zur 4"), andere hingegen entschieden sich sehr schnell. Einige äußerten auch den Wunsch nach Fortlassen des Kontrolldurchgangs (dem wurde stets entsprochen). Insgesamt ergaben sich Zeitdauern zwischen 70 und 100 Minuten für das gesamte Experiment. In jedem Fall wurde in der Mitte eine längere Pause gemacht, dabei fand eine Bewirtung mit Tee und Kuchen statt.

Infolge der großen Zahl verschiedener Sitzungen konnte die Reihenfolge, in welcher die Versionen gespielt wurden, sehr häufig geändert werden. Insgesamt war es möglich, 17 verschiedene Permutationen darzubieten, wobei jede Version sowohl ihre absolute Position als auch ihre Nachbarschaft zu anderen

Beispielen ständig änderte. Reihenfolgeeffekte erscheinen von daher ausgeschlossen. Dieses gilt ebenso für die Reihenfolge der Rhythmen, welche gleichfalls ständig geändert wurde.

c) *Die Versuche mit den Schülergruppen*

Das Informieren der Teilnehmer über den Gegenstand des Forschungsprojektes erfolgte hier ausführlicher: Den Schülern wurde anhand von (nicht zum eigentlichen Versuch gehörenden) Vorab-Beispielen demonstriert, welch große Unterschiede sich ergeben können, wenn derselbe Rhythmus von verschiedenen Musikern gespielt wird. (Bei den Experten hatte man davon ausgehen können, daß die Bedeutung von interpretatorischen Feinheiten von vornherein klar war.)

Die Aufgabenstellung war für die Schüler die gleiche wie für die Experten. Es erfolgte jedoch zusätzlich ein nachdrücklicher Hinweis darauf, daß es hierbei „kein Richtig oder Falsch" gäbe, dies verbunden mit der Bitte, sich bei der eigenen Bewertung nicht von den Sitznachbarn beeinflussen zu lassen („Es kommt hierbei auf Ihr *ganz persönliches* Urteil an!"). Auch ein Verweis auf die Anonymität der Prozedur erfolgte in diesem Zusammenhang. (Erhoben wurden lediglich Angaben zum Geschlecht und zur musikalischen Vorbildung.) Eine gewisse gegenseitige Beeinflussung (besonders im Nahbereich zwischen Sitznachbarn, aber auch durch gelegentliche wertende Zwischenrufe im weiteren Umkreis) dürfte trotz dieser Vorsichtsmaßnahmen stattgefunden haben.

Der eigentliche Ablauf unterschied sich von den Experten-Versuchen bezüglich zweier Punkte: Auf den Notentext wurde verzichtet, und es fanden keine Wiederholungen von Beispielen nach den Wünschen der Vpn statt (der zeitliche Rahmen sollte enger gesteckt bleiben, weil die Konzentrationsfähigkeit und Motivation hier im Schnitt niedriger einzuschätzen waren als bei den Experten).

Orte der Versuche waren die jeweiligen Musikräume der Schulen. Die Wiedergabe erfolgte hier per Cassette und Anlage, welche auf „mittlere Lautstärke" eingestellt wurde. Die tatsächlichen Lautstärken an den Plätzen der Vpn konnten hierbei nicht festgestellt werden, sie dürften auch infolge der Größe der Räume je nach Sitzposition unterschiedlich gewesen sein.

Der Versuch mit einer Schülergruppe nahm jeweils zwei Schulstunden ein. Dabei wurden die Versionen dreier Rhythmen bewertet. Die eigentliche Bewertung dauerte dabei ca. 20 Minuten, verteilt auf drei Einheiten, unterbrochen von Pausen.

Die zu einem Rhythmus gehörigen Versionen wurden jeweils von zwei oder drei Schülergruppen bewertet (nur beim „Bolero" waren es fünf). Die Reihenfolgen wechselten hierbei nach dem Zufallsprinzip. Ein so weitgehend vollständiges Permutieren wie bei den Experten war nicht möglich; der Einfluß von Reihenfolgeeffekten ist also nicht völlig auszuschließen.

3. Ergebnisse

Die nachfolgenden Tabellen geben einen Überblick über die verwendeten Versionen sowie die Durchschnittszensuren (DZensur) und Standardabweichungen (Stdv), welche diese bei den Bewertungsexperimenten erreichten. Zugleich sind bereits die Oszillationsstärken (O) und Änderungsstärken (A) enthalten, welche die einzelnen Versionen gemäß der Modellrechnung erzielen. Zur Bezeichnung der Versionen wurden die folgenden Abkürzungen verwendet:

L1, L2, L3	Lehramtsstudenten 1, 2 und 3
S1, S2, S3	Schlagzeugstudenten 1, 2 und 3
S3_L	Separatversion: nur die Lautstärkegestaltung von S3
S3_T	Separatversion: nur die Timinggestaltung von S3
H	Hochschuldozent für Schlagzeug
M	Durchschnittsversion
M_L+	Durchschnittsversion mit verstärkten Lautstärkeunterschieden
M_LT+	Durchschnittsversion mit verstärkten Lautstärke- und Timingunterschieden
M_T++	Durchschnittsversion mit „übertrieben" verstärkten Timingunterschieden
DP	Deadpan-Version
DP_L+	Deadpan-Version mit Lautstärkeunterschieden
DP_L++	Deadpan-Version mit größeren Lautstärkeunterschieden

Genauere Informationen zu den verschiedenen Versionstypen befinden sich in Abschnitt C.2.

Rhythmus: **Triolen**		24 Experten					
CD Track	Version	DZensur Experten	Stdv Experten	DZensur Schüler	Stdv Schüler	O	A
1	M	**1.69**	0.84			11.49	5.24
2	S3	**2.48**	0.71			11.37	5.17
3	L2	**2.78**	0.87			10.99	5.57
4	M_LT+	**3.19**	1.29			10.94	5.76
5	L3	**4.05**	0.76			11.32	4.17

Tab. 4.3: Ergebnisse zu den Versionen des Rhythmus „Triolen". (DZensur: Durchschnittszensur, Stdv: Standardabweichung, O: Oszillationsstärke, A: Änderungsstärke)

Rhythmus: **Drive**		45 Schüler aus 3 Kursen					
CD Track	Version	DZensur Experten	Stdv Experten	DZensur Schüler	Stdv Schüler	O	A
6	M			**1.57**	0.57	*11.26*	*5.57*
7	S1			**2.14**	0.83	*10.84*	*6.49*
8	S3			**2.29**	0.76	*10.67*	*5.98*
9	DP_L+			**4.05**	1.00	*11.90*	*2.95*
10	L3			**4.54**	0.82	*11.23*	*4.38*

Rhythmus: **Bonanza I** 24 Experten				45 Schüler aus 3 Kursen			
CD Track	Version	DZensur Experten	Stdv Experten	DZensur Schüler	Stdv Schüler	O	A
11	S3_L	**1.94**	0.75	**2.35**	0.88	*9.13*	*4.67*
12	S3	**2.82**	0.88	**2.91**	1.05	*8.53*	*4.49*
13	S3_T	**2.98**	0.96	**3.22**	0.86	*8.05*	*5.13*

Rhythmus: **Bonanza II** 21 Experten				48 Schüler aus 3 Kursen			
CD Track	Version	DZensur Experten	Stdv Experten	DZensur Schüler	Stdv Schüler	O	A
14	M	**1.69**	0.93	**1.89**	0.81	*8.73*	*4.85*
15	S3	**2.24**	0.98	**2.45**	0.81	*8.53*	*4.49*
16	H	**2.63**	0.90	**3.00**	1.01	*8.46*	*4.70*
17	L1	**4.26**	0.95	**2.90**	0.99	*7.81*	*4.57*
18	L3	**4.46**	0.80	**3.96**	1.22	*7.30*	*4.77*

Tab. 4.4 bis 4.6: Ergebnisse zu den Versionen der Rhythmen „Drive", „Bonanza I" und „Bonanza II". Hinweis: Die Oszillogramme der Bonanza-Versionen L3 und S3 sind in Kapitel III abgebildet (3.12 und 3.13).

Rhythmus: **Marsch**		24 Experten		45 Schüler aus 3 Kursen			
CD Track	Version	DZensur Experten	Stdv Experten	DZensur Schüler	Stdv Schüler	O	A
19	M	**1.59**	0.54	**2.34**	0.90	8.99	4.60
20	DP_L+	**1.73**	0.77	**2.52**	1.08	9.32	4.61
21	S1	**2.57**	0.82	**2.89**	1.12	8.09	4.77
22	S3	**2.90**	0.76			8.64	4.79
23	L2	**3.79**	0.83	**3.46**	0.77	7.94	4.59
24	L1	**3.99**	0.98	**3.10**	0.93	8.24	3.99

Rhythmus: **Soccer I**		24 Experten					
CD Track	Version	DZensur Experten	Stdv Experten	DZensur Schüler	Stdv Schüler	O	A
25	DP	**2.50**	1.14			9.91	6.68
26	H	**2.60**	1.01			9.71	6.88
27	S3	**2.79**	0.68			9.79	6.43
28	S1	**2.82**	0.81			9.74	6.83
29	L2	**4.59**	0.65			9.27	6.72

Rhythmus: **Soccer II**		31 Schüler aus 2 Kursen					
CD Track	Version	DZensur Experten	Stdv Experten	DZensur Schüler	Stdv Schüler	O	A
30	DP			**2.07**	0.87	9.34	6.04
31	DP_L+			**2.50**	1.17	9.19	6.47
32	H			**2.51**	0.76	9.12	6.23
33	DP_L++			**2.62**	0.74	8.98	6.36
34	L2			**4.53**	0.68	8.53	5.92

Tab. 4.7 bis 4.9: Ergebnisse zu den Versionen der Rhythmen „Marsch", „Soccer I" und „Soccer II".

Rhythmus: **Bolero**		24 Experten		81 Schüler aus 5 Kursen			
CD Track	Version	DZensur Experten	Stdv Experten	DZensur Schüler	Stdv Schüler	O	A
35	S3	**1.74**	0.81	**1.86**	0.79	*7.64*	*4.25*
36	M	**1.81**	0.79	**2.07**	0.71	*8.21*	*4.08*
37	M_L+	**1.81**	0.85	**1.87**	0.81	*8.56*	*4.15*
38	L2	**3.29**	1.02	**3.37**	1.15	*7.07*	*4.11*
39	M_T++	**3.68**	0.92	**3.77**	1.03	*6.45*	*4.35*
40	L1	**3.77**	0.97	**3.11**	0.85	*7.55*	*4.43*

Rhythmus: **Fünfer**		37 Schüler aus 2 Kursen					
CD Track	Version	DZensur Experten	Stdv Experten	DZensur Schüler	Stdv Schüler	O	A
41	M			**1.72**	0.70	*9.80*	*5.37*
42	L1			**2.29**	1.14	*8.63*	*6.56*
43	L3			**2.78**	1.07	*8.61*	*5.83*
44	S1			**3.38**	0.98	*9.78*	*4.56*
45	DP_L+			**5.04**	1.05	*10.87*	*3.07*

Rhythmus: **Siebener**		24 Experten					
CD Track	Version	DZensur Experten	Stdv Experten	DZensur Schüler	Stdv Schüler	O	A
46	M	**1.91**	0.84			*10.29*	*5.07*
47	S1	**2.63**	0.84			*9.64*	*5.87*
48	L3	**3.08**	1.07			*9.17*	*6.22*
49	S2	**3.19**	1.07			*10.22*	*4.53*
50	S3	**3.68**	1.00			*10.06*	*4.60*
51	H	**3.80**	1.01			*9.32*	*6.18*

Tab. 4.10 bis 4.12: Ergebnisse zu den Versionen der Rhythmen „Bolero", „Fünfer" und „Siebener". Hinweis: Die Oszillogramme der Bonanza-Versionen S1 und L1 sind in Kapitel III abgebildet (3.14 und 3.15), die zugehörigen Expektogramme in Anhang F (3.16 und 3.17).

Rhythmus: **Opus 3**		24 Experten		44 Schüler aus 3 Kursen			
CD Track	Version	DZensur Experten	Stdv Experten	DZensur Schüler	Stdv Schüler	O	A
52	M	**1.51**	0.64	**2.20**	0.83	*9.97*	*5.57*
53	S3	**2.27**	0.85	**2.18**	0.75	*10.17*	*5.67*
54	L1	**2.76**	0.95	**2.91**	0.75	*10.24*	*5.70*
55	H	**2.91**	1.02	**2.87**	1.05	*9.73*	*6.09*
56	S1	**3.18**	0.72	**3.46**	0.84	*9.62*	*5.69*
57	L3	**4.30**	0.87	**4.19**	0.89	*9.45*	*5.47*

Rhythmus: **Opus 4**		24 Experten					
CD Track	Version	DZensur Experten	Stdv Experten	DZensur Schüler	Stdv Schüler	O	A
58	M	**1.56**	0.59			*10.73*	*5.90*
59	L1	**2.06**	0.64			*10.52*	*6.09*
60	S1	**3.19**	0.69			*10.34*	*6.09*
61	H	**3.51**	1.12			*10.50*	*6.60*
62	L3	**4.35**	0.74			*10.15*	*6.04*

Tab. 4.13 und 4.14: Ergebnisse zu den Versionen der Rhythmen „Opus 3" und „Opus 4".

Hinweis: Der an den Details der statistischen Auswertung nicht interessierte Leser kann den folgenden Teil überspringen und mit Abschnitt 4) fortfahren. Die wichtigsten Ergebnisse der statistischen Analyse werden in Abschnitt 5) nochmals zusammengefaßt.

Im Rahmen der statistischen Analyse war zunächst zu prüfen, ob sich das Zensurenniveau in Abhängigkeit von den Personengruppen oder den Rhythmen signifikant unterscheidet. Tabelle 4.15 enthält eine Zusammenstellung von den über die verschiedenen Versionen gemittelten Durchschnittszensuren.

Bemerkenswert ist hierbei, daß das Zensurenniveau von Experten und Schülern insgesamt nahezu identisch ist. Auch die Mittelwerte für die einzelnen Rhythmen liegen nahe beieinander. Für die Expertengruppe sollte dennoch exemplarisch getestet werden, ob signifikante Unterschiede vorliegen. Dazu wurde eine Varianzanalyse durchgeführt. (Alle Varianzanalysen in dieser Arbeit erfolgten per SPSS 8.0 nach dem Allgemeinen Linearen Modell mit Meßwiederholungs-Design.) „Subjekte" waren hierbei die 47 bewerteten VERSIONEN, Innersubjektfaktor die bewertende PERSON (24fach gestuft), Zwischensubjektfaktor der RHYTHMUS (9fach gestuft). Hierbei ergab sich kein signifikanter Einfluß des Faktors RHYTHMUS auf die Bewertungen (df = 8, F = 0.161, p = 0.995). Daraus folgt, daß sich das Zensurenniveau von Rhythmus zu Rhythmus nicht signifikant unterscheidet.

Die weitere statistische Analyse erfolgte jeweils einzeln für die Rhythmen. Für die Fälle, in denen sowohl von den Experten als auch von den Schülern Bewertungen vorlagen, wurde zunächst geprüft, ob sich deren Urteile signifikant voneinander unterscheiden. Subjekte bei der Varianzanalyse waren die bewertenden PERSONEN (Anzahl variabel je nach Rhythmus), Innersubjektfaktor die bewertete VERSION (Stufenzahl variabel je nach Rhythmus), Zwischensubjektfaktor die GRUPPE (zweifach gestuft: Experten/Schüler). Die Ergebnisse für die Faktorenkombination VERSION*GRUPPE sind in Tabelle 4.16 zusammengefaßt.

	Zensuren-Mittelwert Experten	Zensuren-Mittelwert Schüler
alle Rhythmen	2.87	2.88
Triolen	2.88	
Drive		2.92
Bonanza I	2.54	2.72
Bonanza II	3.06	2.89
Marsch	2.70	2.76
Soccer I	3.09	
Soccer II		2.84
Bolero	2.72	2.72
Fünfer		3.09
Siebener	3.01	
Opus 3	2.87	3.02
Opus 4	2.94	

Tab. 4.15: Durchschnittszensuren, gemittelt über alle Versionen der betreffenden Rhythmen

Rhythmus	Bonanza I	Bonanza II	Marsch	Bolero	Opus3
Signifikanz	0.624	0.000**	0.000**	0.039*	0.048*

Tab. 4.16: Ergebnisse der Varianzanalyse (Allgemeines Lineares Modell, Meßwiederholung): Einfluß der Faktorenkombination VERSION*GRUPPE (Experten/Schüler) auf die Bewertungen. Die Details hierzu (Prüfverfahren, Freiheitsgrade und F-Werte) finden sich in Tabelle E.1 im Anhang E.

Mit Ausnahme des nur in drei Versionen dargebotenen Rhythmus „Bonanza I" ergaben sich also stets signifikante Unterschiede zwischen den Bewertungen von Experten und Schülern.

An dieser Stelle sei eine allgemeine Bemerkung zu den hier durchgeführten Varianzanalysen eingefügt: Bei einigen der Analysen ergab der Mauchly-Test, daß möglicherweise die Voraussetzung der Sphärizität verletzt ist. Daher wurde entschieden, in diesen Fällen die Freiheitsgrade nach Greenhouse-Geisser zu korrigieren und die Irrtumswahrscheinlichkeiten gemäß diesem als konservativ geltenden Verfahren anzugeben.

Im folgenden war zu prüfen, inwieweit sich die Durchschnittszensuren der einzelnen Versionen signifikant voneinander unterscheiden und ob Einflüsse des Geschlechts oder des Alters (bei den Experten) beziehungsweise des Geschlechts oder der musikalischen Ausbildung (bei den Schülern) nachzuweisen sind. Hierzu wurden weitere siebzehn Varianzanalysen durchgeführt, neun für die von Experten und acht für die von Schülern bewerteten Rhythmen. Subjekte waren die bewertenden PERSONEN (Anzahl variabel je nach Rhythmus), Innersubjektfaktor die bewertete VERSION (je nach Rhythmus 3fach, 5fach oder 6fach gestuft), Zwischensubjektfaktoren das GESCHLECHT (2fach gestuft) und bei den Experten das ALTER (2fach gestuft: jung/alt), bei den Schülern der Gesichtspunkt MUSIKER (2fach gestuft: ja/nein). Die Schüler-Bewertungen stammten stets aus mehr als einer Klasse oder einem Kurs; um die möglicherweise hieraus resultierenden Einflüsse sichtbar zu machen, wurde daher noch der Zwischensubjektfaktor KURS hinzugefügt, die Anzahl der Stufen variierte hierbei je nach Rhythmus von zwei bis fünf.

Die Ergebnisse dieser 17 Varianzanalysen lassen sich wie folgt zusammenfassen:
- Für den Faktor VERSION ergibt sich stets ein hochsignifikanter Effekt mit $p \leq 0.001**$. Dies gilt bei beiden Personengruppen für alle Rhythmen. (Die Details zu diesen Varianzanalysen finden sich in Tabelle E.2 im Anhang E.)
- Die Kombinationen des Faktors VERSION mit den Faktoren GESCHLECHT, ALTER und MUSIKER beziehungsweise die möglichen Dreierkombinationen hieraus ergeben in 47 von 51 Fällen keinen signifikanten Effekt ($p > 0.05$). Bemerkenswert erscheinen in diesem Zusammenhang lediglich die Schülerbewertungen des „Bolero": Hier liegen sowohl bei der Kombination VERSION*GESCHLECHT als auch bei VERSION*MUSIKER signifikante Effekte vor (df = 5, F = 2.477, p = 0.032* bzw. F = 2.404, p = 0.037*). Die Bewertungen hierbei stammen allerdings auch von 81 Vpn, in keinem anderen Fall war diese Anzahl annähernd so hoch.
- Bei den Schülern gibt es in sechs von acht Fällen keinen signifikanten Einfluß der Kombination VERSION*KURS ($p > 0.05$), die beiden Ausnahmen

sind „Marsch" und „Bolero" (df = 5.576 nach Greenhouse-Geisser, F = 2.741, p = 0.019* bzw. df = 5, F = 2.745, p = 0.000**).

- Die Faktoren GESCHLECHT, ALTER, MUSIKER UND KURS *allein* zeigen in 46 von 52 Fällen keinen signifikanten Effekt (p > 0.05). (Der Einfluß dieser Faktoren ohne die Kombination mit VERSION betrifft ohnehin nur das mittlere Zensurenniveau bei der Bewertung eines bestimmten Rhythmus, nicht jedoch die Bewertungsrelationen zwischen den Versionen, und ist daher im Zusammenhang dieser Arbeit nur von nachgeordnetem Interesse.)

Im Anschluß an die Varianzanalysen wurden bei beiden Personengruppen für die einzelnen Rhythmen Einzelvergleiche durchgeführt (t-Test für gepaarte Stichproben). Hierbei ergaben sich Tabellen in der Art von 4.17.

Rhythmus: **Triolen**		Durchschnittszensuren der Experten, Einzelvergleiche					
CD Track	DZensur	Version	M	S3	L2	M_LT+	L3
1	1.69	M		0.005**	0.000*	0.000**	0.000**
2	2.48	S3			0.206	0.042*	0.000**
3	2.78	L2				0.102	0.000**
4	3.19	M_LT+					0.008**
5	4.05	L3					

Tab. 4.17: Signifikanzen beim Einzelvergleich der Experten-Durchschnittszensuren für die Versionen des Rhythmus „Triolen" (t-Test für gepaarte Stichproben, df = 23)

Die Tabelle sagt u.a. aus, daß acht der zehn Mittelwertunterschiede signifikant sind. Der Umstand, daß hierbei wiederholt Paarvergleiche auf Basis derselben Datenmenge durchgeführt wurden, erhöht allerdings bekanntlich die Irrtumswahrscheinlichkeit, dies wird bei einer Interpretation zu berücksichtigen sein. (Bedauerlicherweise bietet SPSS 8.0 keine Einzelvergleiche bei der Varianzanalyse *mit* Meßwiederholung an.) Solche Einzelvergleiche per t-Test wurden für alle 17 Teil-Experimente durchgeführt. Die Resultate werden zusammenfassend in den Tabellen 4.18 und 4.19 dargestellt.

Aus Tabelle 4.18 läßt sich zum Beispiel herauslesen: In insgesamt zehn Fällen liegt ein Mittelwertunterschied zwischen 0.75 und 1.00 vor; der t-Test erbringt hierbei viermal eine Irrtumswahrscheinlichkeit p von 0.000, sechsmal liegt dieser Wert zwischen 0.000 und 0.01. Eine Zensurendifferenz von weniger als 0.25 hingegen (diese kommt insgesamt fünfzehn Mal vor) ist in keinem Falle signifikant (p ist stets größer als 0.05).

Durchschnittszensuren der **Experten**, Einzelvergleiche				
Zensurendifferenz δ	p = 0.000	0.000 < p ≤ 0.01	0.01 < p ≤ 0.05	0.05 < p
0.00 < δ ≤ 0.25	0	0	0	15
0.25 < δ ≤ 0.50	0	1	1	13
0.50 < δ ≤ 0.75	0	2	4	2
0.75 < δ ≤ 1.00	4	6	0	0
1.00 < δ	54	1	0	0
Summe	58	10	5	30

Tab. 4.18: Anzahl der Fälle, in denen eine bestimmte Kombination von Zensurendifferenz und Irrtumswahrscheinlichkeit (beim t-Test ermittelt) unter den Experten-Daten vorkommt.

Als wichtigstes Ergebnis ist festzuhalten, daß die überwiegende Mehrzahl (58 von insgesamt 103) der Zensurenunterschiede beim Einzelvergleich eine Irrtumswahrscheinlichkeit von p = 0.000** erbringt, also selbst beim Anlegen strengster Maßstäbe als signifikant zu gelten hat. Bei den Mittelwertsunterschieden der Schüler erhält man ein ähnliches Bild (Tabelle 4.19). Der Anteil der Fälle mit p = 0.000** ist hier allerdings noch höher.

Durchschnittszensuren der **Schüler**, Einzelvergleiche				
Zensurendifferenz	p = 0.000	0.000 < p ≤ 0.01	0.01 < p ≤ 0.05	0.05 < p
0.00 < δ ≤ 0.25	0	0	0	12
0.25 < δ ≤ 0.50	0	1	4	5
0.50 < δ ≤ 0.75	10	6	3	0
0.75 < δ ≤ 1.00	3	1	0	0
1.00 < δ	38	0	0	0
Summe	51	8	7	17

Tab. 4.19: Anzahl der Fälle, in denen eine bestimmte Kombination von Zensurendifferenz und Irrtumswahrscheinlichkeit (beim t-Test ermittelt) unter den Schüler-Daten vorkommt.

Die Bonanza-Version S3 stellt einen Sonderfall dar, da sie als einzige der Versionen zweimal und dabei in verschiedenen Kontexten vorkommt: nämlich in den Gruppen „Bonanza I" *und* „Bonanza II". Sowohl bei den Experten als auch bei den Schülern ergaben sich hier je nach Vergleichs-Kontext Mittelwertsunterschiede von mehr als einer halben Zensur (vergleiche hierzu die Tabellen 4.5 und 4.6). Deren Signifikanz wurde in zwei weiteren t-Tests (für gepaarte bzw. bei den Schülern für unabhängige Stichproben) nachgewiesen (df = 23, p = 0.036* bzw. df = 44, p = 0.019*).

Um einen Überblick darüber zu gewinnen, wie groß die Ähnlichkeit des Urteilsverhaltens quer durch die Gruppen und Untergruppen war, wurden noch die jeweiligen Korrelationen zwischen allen Durchschnittszensuren berechnet. Für die Quervergleiche zwischen Experten und Schülern konnten hier lediglich die 25 von beiden Gruppen bewerteten Versionen herangezogen werden, im übrigen bestand die Datenbasis bei den Experten aus 47 beziehungsweise bei den Schülern aus 40 Werten. Alle in Tabelle 4.20 angegebenen Korrelationen sind hoch und erwiesen sich als hochsignifikant (p < 0.01**). Hingewiesen sei insbesondere auf das Ausmaß der Übereinstimmung zwischen Experten und Schülern insgesamt (r = 0.88, n = 25). Die Tabelle zeigt zudem, daß die Ähnlichkeit der Schülerbewertungen zu denen der jüngeren Experten größer ist als zu denen der älteren. Andererseits liegt aber auch seitens der Experten eine größere Ähnlichkeit zu den Schüler-Musikern als zu den Nichtmusikern vor.

	Korrelationen der Mittelwerte	Experten insgesamt	Experten jung	Experten alt	Schüler insgesamt	Schüler Nichtmusiker	Schüler Musiker
Experten	insgesamt				0.88	0.80	0.90
	jung			0.90	0.89	0.81	0.92
	alt		0.90		0.83	0.76	0.85
Schüler	insgesamt	0.88	0.89	0.83			
	Nichtmusiker	0.80	0.81	0.76			0.94
	Musiker	0.90	0.92	0.85		0.94	

Tab. 4.20: Korrelationen zwischen den Durchschnittszensuren der Gruppen und Untergruppen. Alle Korrelationen sind hochsignifikant (p < 0.01**, n=47 für die Untergruppenvergleiche bei den Experten, n=40 für die Untergruppenvergleiche bei den Schülern, n=25 für alle Korrelationen, die zwischen Experten- und Schülergruppen berechnet wurden).

4. Sprachliche Äußerungen der Versuchsteilnehmer

Die sprachlichen Äußerungen, zu denen die Teilnehmer aufgefordert waren, sofern ihnen zu einzelnen Versionen etwas einfiel, wurden bislang nicht vollständig ausgewertet. Sie werden im Zuge eines Ausbaus der Theorie insbesondere dem Zweck dienen, Anhaltspunkte für mögliche Bewegungsempfindungen der Hörer zu gewinnen. Im Rahmen der hier vorgelegten Arbeit sollten sie Einblicke in Vorgänge der Urteilsfindung ermöglichen und auch helfen, eventuell überraschendes Urteilsverhalten zu verstehen.

Insgesamt wurden die entsprechenden Felder auf den Bögen (siehe Anhang) zu etwa 60% ausgefüllt. Sehr häufig vorkommende Äußerungen waren:

gut betont / Betonungen zu stark
gleichmäßig / ungleichmäßig
präzise / unpräzise
monoton / interessant
fließend, schwingend, weich, holpernd, hektisch

Solche Beschreibungen implizieren zumeist eine Bewertung, sie sind gleichwohl häufig nur eingeschränkt tauglich, das Geschehen nachzuvollziehen, welches den Teilnehmer zu seinem Urteil führte. Sagt eine Äußerung wie „gut betont" doch lediglich, daß da irgend etwas „gut" gefunden wurde, was vermutlich mit den Lautstärkeakzenten zusammenhängt. Bemerkungen wie „präzise" oder „unpräzise" beziehen sich offensichtlich auf das Timing. Erstaunlicherweise stimmen jedoch solche Beschreibungen zum Timing – auch wenn sie von Experten stammen – mit den Tatsachen durchaus nicht immer überein (ein bekanntes Phänomen, siehe hierzu Behne & Wetekam 1994) und haben daher nur einen begrenzten Erklärungswert.

Die Schüleräußerungen zeigen erwartungsgemäß eine geringere Übung im Umgang mit musikalischem Fachvokabular, was nicht stets zum Nachteil gereichen muß. Eine Bemerkung wie „zu schnell gespielt" ist zwar falsch, wenn man sie auf das bei allen Versionen gleiche metronomische Grundtempo bezieht, ist aber als Hinweis auf einen davon differierenden subjektiven Tempo-*eindruck* eben doch aussagekräftig.

Daß es den Teilnehmern letztlich schwer fiel zu verbalisieren, was sie beim Hören empfanden, insbesondere dann, wenn sie eine Version gut bewerteten – dieser Gesamteindruck stellte sich beim Durchsehen sowohl der Experten als auch der Schüleräußerungen ein. Als bezeichnend hierfür mag die Reaktion auf die Version M von „Opus 3" genommen werden: Mehrere Experten-Vpn, welche sich zu allen übrigen fünf Einspielungen zum Teil ausführlich geäußert hatten, ließen hier das entsprechende Feld leer und gaben kommentarlos die Zensur „1".

In ihren mündlichen Äußerungen im Anschuß an das Experiment bekundeten sowohl die Experten- als auch die Schülerversuchspersonen, daß sie mit der Aufgabe im Ganzen „gut klargekommen" seien. Manche Teilnehmer sagten allerdings, daß eine gewisse Eingewöhnung, ein Einhören nötig gewesen wäre und beim ersten Hördurchgang „alles gleich" (so einige Schüler) geklungen hätte. Eine Expertenversuchsperson allerdings äußerte schon während des Versuchs, ihr würden „die Kriterien fehlen" und sie würde mit ihrer Bewertung „schwimmen". Dies besserte sich zwar laut Aussage der Teilnehmerin im Verlaufe des Experiments, doch wurde entschieden, die Zensuren dieser Vpn (es wäre die fünfundzwanzigste gewesen) nicht mit in die Auswertung hineinzunehmen. Es ist nicht unwahrscheinlich, daß auch unter den Schülern einige Teilnehmer waren, welche mit der Aufgabe Schwierigkeiten dieser Art hatten, dies jedoch im Anschluß nicht sagen mochten. Jedoch zeigten die Äußerungen vieler Schüler und auch ihr zu beobachtendes Verhalten während des Versuchs (bereits die Mimik ließ zuweilen deutlich Abneigung oder Zustimmung erkennen), daß es allenfalls eine Minderheit gewesen sein konnte, welche diese Probleme hatte.

5. Diskussion

Die Versuchsteilnehmer beurteilten die Versionen ausgeprägt unterschiedlich. Man beachte, daß die am besten und die am schlechtesten bewerteten Versionen meist zwischen zwei und drei Zensurenstufen auseinander liegen (Tabellen 4.3 bis 4.14). Auch die Tabellen 4.18 und 4.19 zeigen, daß die Zensurenabstände in den meisten Fällen relativ groß sind. Diese Unterschiede erwiesen sich zudem als in hohem Maße statistisch signifikant, sowohl beim varianzanalytischen Testen des Overall-Effektes (des Faktors VERSION), als auch bei den nachfolgenden Einzelvergleichen per t-Test.

Wenn sich solch ausgeprägte und signifikante Unterschiede bei *Mittelwerten* zeigen, so läßt sich hieraus schließen: Es muß unter den Versuchsteilnehmern einen *weitreichenden Konsens* darüber geben, was beim Spielen von einfachen Rhythmen als „musikalisch gut" zu gelten habe. Dieser Konsens erstreckt sich in hohem Maße auch über die Gruppen und Untergruppen, wie die Korrelationen aus Tabelle 4.20 zeigen.

Dieses Resultat war erwartet worden – und erscheint doch nicht selbstverständlich. Handelt es sich bei Bewertungen dieser Art doch um Vorgänge, welche tief im Subjektiven verwurzelt zu sein scheinen. So deuten etwa die sprachlichen Äußerungen der Teilnehmer zu den einzelnen Versionen keineswegs darauf hin, daß sie die Gründe für ihre Urteile rational fassen könnten (siehe Abschnitt E.4).

Gerechtfertigt erscheint vor dem Hintergrund dieses Ergebnisses die geplante Vorgehensweise, das Modell über die Bewertungen via Regression zu testen. Impliziert die in Kapitel I formulierte Hypothese über den Zusammenhang von Oszillationen und Bewertung doch fundamentale Gemeinsamkeiten zwischen verschieden Personen hinsichtlich des Vorgangs, der zu einem Urteil führt.

Der Einfluß von Geschlecht, Alter und musikalischer Ausbildung auf die Bewertungen war innerhalb der beiden Vpn-Gruppen nur selten nachzuweisen. Bemerkenswert erscheint jedoch die Tatsache, daß sich der Einfluß gleich *zweier* Faktoren (Geschlecht und musikalische Bildung) dort als signifikant herausstellte, wo die Anzahl der Teilnehmer sehr groß war, nämlich bei der „Bolero"-Bewertung durch Schüler. Dies mag als Hinweis darauf genommen werden, daß diese Einflüsse zwar vorhanden, jedoch relativ schwach wirksam sind.

Die Unterschiede zwischen den Experten und Schülern stellten sich bei vier der fünf gemeinsam bewerteten Rhythmen als signifikant heraus. Kann damit auch als erwiesen angesehen werden, daß Experten und Schüler in gewissem Maße unterschiedlich urteilen, so ist gleichwohl an die hohe Korrelation von 0.88 zu erinnern (Tabelle 4.20): Diese zeigt, wie groß die Übereinstimmung *trotz* der signifikanten Unterschiede ist.

Die Frage, ob es sich bei den Unterschieden zwischen Experten und Schülern eher um einen Ausbildungs- oder aber um einen Alterseffekt handelt, kann aufgrund der vorliegenden Daten nicht beantwortet werden. Hierzu wäre es erforderlich, daß überhaupt signifikante Ausbildungs- und Alterseffekte vorliegen, was bis auf wenige Ausnahmen nicht der Fall ist. Die Korrelationen aus Tabelle 4.20 sind vor diesem Hintergrund mit Vorsicht zu betrachten und können allenfalls als ein Fingerzeig darauf angesehen werden, daß es sich um eine Mischung aus beiden Komponenten handelt (denn es stehen sowohl die Schüler-*Musiker* den Experten näher als auch die *jungen* Experten den Schülern). Ein Hinweis in eine etwas andere Richtung wird sich im Zusammenhang mit der Regression ergeben (siehe Abschnitt F.4). In Betracht gezogen werden müssen natürlich auch die unterschiedlichen Bedingungen, unter denen die Daten jeweils zustande kamen (Einzelversuche vs. Gruppensitzungen). Eine gewisse Beeinflussung der Schüler untereinander war unter den gegebenen Bedingungen nicht zu verhindern, dies mag zu gewissen, auch systematischen Verzerrungen der Resultate geführt haben. Auch können Reihenfolgeeffekte wohl bei den Experten, nicht jedoch bei den Schülern ausgeschlossen werden.

Die deutlichsten Unterschiede zwischen Experten und Schülern lassen sich in zwei Punkten zusammenfassen:

- Die Durchschnittsfassungen M werden von den Schülern durchweg schlechter beurteilt. Dies gilt besonders stark für die Rhythmen „Marsch" und „Opus 3", dort beträgt der Abstand 0.75 bzw. 0.69 Zensurenpunkte.
- Die Einspielungen der Lehramtsstudentin L1 erreichen in drei von vier Fällen bei den Schülern deutlich bessere Bewertungen: bei „Bonanza II" (+1.36), „Marsch" (+0.89) und „Bolero" (+0.66). Dieser „L1-Effekt" bestätigte sich in einem weiteren, vergleichbaren Experiment mit 74 dreizehnjährigen Gymnasiasten, ausschließlich unter Verwendung von Bolero-Versionen. Dort erzielte die Fassung von L1 gegenüber der Schülerbewertung hier noch eine weitere Verbesserung um +0.60 und rückte mit einer Durchschnittszensur von 2.30 (bei im übrigen weitgehend ähnlichen Bewertungen) in die Spitzengruppe auf. (Man vergleiche mit Tabelle 4.10.)

Der Blick auf die Standardabweichungen ergibt kein einheitliches Bild: Die Werte bewegen sich bei den Experten zwischen 0.54 (Version M von „Marsch") und 1.29 (Version M_LT+ von „Triolen"), bei den Schülern ergibt sich eine ähnliche Spanne. Diese Werte repräsentieren das Maß von „Einigkeit/Uneinigkeit" der Teilnehmer bei der Bewertung und sind von daher interessant. Im Rahmen der hier vorgestellten Arbeit wurden diese Fragen jedoch nicht eingehend untersucht.

Die Schüler waren sich untereinander überraschenderweise fast genauso „einig" wie die Experten, als grobes Maß mag hier die einfache „mittlere Standardabweichung" über alle Versionen dienen: Sie liegt für die Experten bei

0.86 und für die Schüler bei 0.90. Dieses war anders erwartet worden und der Grund dafür gewesen, bei den Schülern mit erheblich höheren Vpn-Zahlen zu arbeiten. (Die Frage, inwieweit die bereits oben vermutete gegenseitige Beeinflussung der Schüler zur überraschend geringen Streuung beigetragen hat, kann hier nicht beantwortet werden.)

Die Bedeutung des Kontextes der Vergleichsbeispiele für die Bewertung konnte nur an einem Beispiel getestet werden (Version S3 von „Bonanza"), zeigte sich dort jedoch mit einem deutlichen und signifikanten Unterschied (von etwa einer halben Zensur) bei Experten und Schülern.

Auffällig sind die überaus guten Bewertungen der Durchschnittsversionen M. Bei allen Rhythmen, bei denen solche Versionen vertreten waren, erlangten sie eine Spitzenposition. Diese Resultate korrespondieren mit Ergebnissen, welche Repp (1997) bei Einspielungen von Klaviermusik erhielt. Mögliche Gründe für diese so positiven Bewertungen seien an dieser Stelle nicht diskutiert. Die Verwendung dieser Versionen erscheint jedoch vor diesem Hintergrund noch zusätzlich legitimiert, war es doch wichtiges Ziel der Beispielauswahl, ein möglichst breites Spektrum an musikalischer „Qualität" einzubeziehen.

F. Die Regression

Exkurs: Regression

Mit *Regression* wird ein mathematisches Verfahren bezeichnet, welches es erlaubt, eine variable Größe auf eine andere zurückzuführen. Zur Erläuterung hierfür mag ein fiktives Experiment dienen, bei dem das Allgemeinwissen von Testpersonen in Abhängigkeit von ihrem Alter untersucht wurde. Die Ergebnisse dieses Tests sind in Tabelle 4.21 dargestellt.

Vpn-Nr.	1	2	3	4	5	6	7	8	9	10
Alter in J.	15	15	20	20	25	25	30	30	35	35
Punktzahl	29	27	36	41	52	51	60	58	67	66

Tab. 4.21: Ergebnis eines fiktiven Tests

Inspiziert man diese Tabelle eingehend, so zeigt sich ein relativ einfacher Zusammenhang zwischen dem Alter einer Vpn und ihrer beim Test erzielten Punktzahl: Die Punktzahl liegt zumeist knapp doppelt so hoch wie die Anzahl der Lebensjahre.

Wendet man nun das Regressionsverfahren auf diese Ergebnisse an (die Punktzahl P bezeichnet man hierbei als die „abhängige Variable", das Alter A als „Prädiktorvariable"), so ergibt sich als Resultat des Verfahrens die folgende Gleichung:

$$P = 1.95 \cdot A - 0.05$$

Diese Gleichung – die sogenannte *Regressionsgleichung* – entspricht weitgehend dem bereits vermuteten Zusammenhang (der Faktor 1.95 liegt knapp unterhalb von

„doppelt"), sie ist jedoch noch präziser: Sie quantifiziert das „knapp" und enthält zusätzlich noch die stets abzuziehende Konstante 0.05, die der Tabelle 4.21 selbst bei sorgfältigster Inspektion wohl kaum anzusehen gewesen wäre. Insgesamt gibt die Gleichung an, wie der Zusammenhang *bestmöglich* beschrieben werden kann.

Man beachte, daß dieser Zusammenhang zwischen Alter und Punktzahl jedoch nicht exakt besteht, sondern sich bei den meisten der Vpn kleine Abweichungen zeigen. So ergäbe sich beispielsweise für die zehnte Vpn aufgrund der Gleichung 1.95 · 35 - 0.05 = 68.20, tatsächlich hat sie jedoch 66 Punkte erzielt. Daher ist es sinnvoll, zusätzlich eine Maßzahl dafür zu berechnen, *wie gut* der betreffende Zusammenhang durch die Regressionsgleichung beschrieben wird. Diese Maßzahl, das sogenannte „Bestimmtheitsmaß" (es wird meistens als „r^2" bezeichnet) ist so definiert, daß sich stets eine Zahl zwischen 0 und 1 errechnet. Je besser der Zusammenhang durch die Gleichung erfasst wird, desto größer ist die Zahl; bei vollkommener Übereinstimmung zwischen den Resultaten der Gleichung und den tatsächlich vorliegenden Werten ergibt sich die „1". Für das Beispiel aus Tabelle 4.21 erhält man:

$$r^2 = 0.978$$

Der Wert liegt in diesem Fall sehr nahe bei 1, der Zusammenhang und damit die „Güte" der Regression ist also als sehr hoch einzuschätzen. Multipliziert man die r^2-Zahl mit 100, so kann man das Ergebnis noch etwas anschaulicher interpretieren und sagen, daß rund 98% der in dem Test bei den Punktzahlen aufgetretenen Varianz durch das Alter erklärt werden können.

Zur weiteren Verdeutlichung sei der Fall betrachtet, daß der fiktive Test einen etwas anderen Ausgang genommen hätte, und zwar so, wie er sich in Tabelle 4.22 zeigt:

Vpn-Nr.	1	2	3	4	5	6	7	8	9	10
Alter in J.	15	15	20	20	25	25	30	30	35	35
Punktzahl	29	18	21	51	66	61	64	59	62	56

Tab. 4.22: alternatives Ergebnis eines fiktiven Tests

Der Zusammenhang zwischen Alter und Punktzahl ist hier nicht mehr so offensichtlich. Gleichwohl ergibt die Regressionsrechnung in diesem Fall eine ähnliche Gleichung:

$$P = 1.93 \cdot A + 0.45$$

Diese Gleichung stellt auch hier die bestmögliche Lösung dar (die Regression liefert *immer* die bestmögliche Lösung), in diesem Fall jedoch gelingt die Anpassung weitaus schlechter. So gibt es nun viel größere Differenzen zwischen den berechneten und den tatsächlichen Werten als beim ersten Beispiel, man betrachte etwa die Werte der Vpn Nr.10: 1.93 · 35 + 0.45 = 68.00, tatsächlich hat sie jedoch nur 56 Punkte erzielt. Bei den meisten der anderen Vpn sieht es ähnlich aus. Für die Güte der Regression erhalten wir hier folgerichtig einen niedrigeren Wert:

$$r^2 = 0.596$$

Dies bedeutet insbesondere: Lediglich rund 60% der Varianz bei den Punktzahlen werden durch das Alter erklärt.

Solche Regressionsgleichungen können auch zur Vorhersage von Ergebnissen verwendet werden. Zum Beispiel würden wir das Testresultat einer 28-jährigen Vpn aufgrund der ersten Regressionsgleichung wegen $1.95 \cdot 28 - 0.05 = 54.55$ mit 55 Punkten voraussagen. Wie die Zuverlässigkeit einer solchen Voraussage einzuschätzen ist, hängt insbesondere von der Güte der Regression ab (so würden wir der ersten Regressionsgleichung wohl weitaus mehr „trauen" dürfen als der zweiten), aber auch von anderen Faktoren. Problematisch sind beispielsweise Voraussagen ausserhalb des bisherigen Datenbereichs: Wir könnten kaum erwarten, die Punktzahl eines 80-jährigen zuverlässig zu prognostizieren, wenn unsere Regression auf Daten von maximal 35-jährigen beruht.

Die beiden bisher gezeigten Regressionen führten zu *linearen* Beschreibungen des Zusammenhangs. Man kann das Verfahren jedoch auch so gestalten, daß kompliziertere mathematische Beziehungen hergestellt werden. Häufig arbeitet man mit *quadratischen* Regressionen, im vorliegenden Fall wäre dann nicht nur das Alter A als Bestandteil der Gleichung zugelassen, sondern auch dessen Quadrat (A^2 oder Aq).

Eine Regression kann grundsätzlich auch mit mehr als einer Prädiktorvariablen durchgeführt werden. Man spricht dann von *multipler* Regression. Beim vorliegenden Beispiel könnte dies etwa die Anzahl B der im Haushalt vorhandenen Bücher sein. Das Verfahren würde dann eine Gleichung liefern, welche rechts die (mit bestimmten Faktoren versehene) Prädiktorvariablen A *und* B aufweist.

1. Vorüberlegungen

Die Gesamtoszillationsstärken und Gesamtänderungsstärken von Versionen hängen nicht nur von den Eigenschaften der jeweiligen Performance ab, sondern auch von den Eigenschaften des Rhythmus selbst, also von der Komposition. So erzielt beispielsweise „Drive" generell sehr hohe Oszillationsstärken, der „Fünfer" hingegen relativ niedrige. Hieraus folgt, daß als Prädiktoren für die Bewertung der Versionen nicht die absoluten Werte genommen werden dürfen. Statt dessen sind diese Werte in Relation zu denen der jeweiligen Vergleichsversionen zu setzen; erst dann kann die Regression durchgeführt werden. Es wurde daher für jedes Beispiel die *relative* Gesamtoszillationsstärke rO und die *relative* Gesamtänderungsstärke rA berechnet. Hierzu war zunächst die durchschnittliche Oszillationsstärke Om und die durchschnittliche Änderungsstärke Am über alle Beispiele eines Rhythmus zu ermitteln, mit dieser Hilfsgröße ergab sich dann für jede der Versionen:

$$rO = O - Om$$
$$rA = A - Am$$

In den Tabellen 4.23 und 4.24 wird dieses Prozedere an Beispielen verdeutlicht. Man beachte, daß die Version S3 zwar in beiden Tabellen dieselben Werte für O und A aufweist, sich jedoch aufgrund der unterschiedlichen Vergleichsversionen in

den Relativgrößen rO und rA unterscheidet. (Die Gesamtänderungsstärken A der Versionen liegen bei „Bonanza" generell sehr nahe beieinander, dies ist nicht immer der Fall, man vergleiche etwa mit den Versionen des „Fünfer" in Tabelle 4.11.)
Diese Vorgehensweise entspricht auch dem Design der Bewertungs-Experimente, denn die Versuchspersonen vergaben die Zensuren stets im Vergleich mit den anderen Versionen *desselben* Rhythmus. Ein Vergleichen mit den Versionen *anderer* Rhythmen wird vermutlich im Verlauf einer Sitzung in gewissem Maße hinzugekommen sein, dies wurde jedoch durch die Versuchsanordnung nicht forciert, da die Bewertungen des einen Rhythmus stets erst beendet wurden, bevor man zum nächsten überging. Die erheblich und signifikant unterschiedliche Bewertung der Bonanza-Version S3 je nach Kontext ist als starkes Indiz dafür zu werten, daß die Bewertungen tatsächlich in hohem Maße von den *unmittelbaren* Vergleichsbeispielen abhingen.

Bonanza I	O	Om	rO	A	Am	rA
S3_L	9.13	8.57	0.56	4.67	4.76	-0.09
S3	8.53	8.57	-0.04	4.49	4.76	-0.27
S3_T	8.05	8.57	-0.52	5.13	4.76	0.36

Bonanza II	O	Om	rO	A	Am	rA
M	8.73	8.17	0.57	4.85	4.68	0.17
S3	8.53	8.17	0.37	4.49	4.68	-0.19
H	8.46	8.17	0.29	4.70	4.68	0.03
L1	7.81	8.17	-0.36	4.57	4.68	-0.11
L3	7.30	8.17	-0.87	4.77	4.68	0.09

Tab. 4.23 und 4.24: zur Berechnung der *relativen* Gesamtoszillationsstärke rO und der *relativen* Gesamtänderungsstärke rA. Eine Übersicht über die Relativwerte *aller* Versionen befindet sich in Anhang A.

Von vornherein war entschieden worden, mit einer quadratischen Regression zu arbeiten. Geht es um Bewertungen, so ist stets mit nichtlinearen Zusammenhängen zu rechnen. Eine bestimmte Eigenschaft mag positiv gewertet werden (so zum Beispiel das „Schlanksein" für das „Aussehen"), ist diese Eigenschaft jedoch *zu stark* ausgeprägt, so stagniert der positive Einfluß oder die Bewertung tendiert sogar wieder zum Negativen („dürr" gilt gemeinhin nicht mehr als „schön"). Ein Zusammenhang dieser Art läßt sich nicht mehr mit einer linearen, sondern nur mit einer *quadratische* Funktion erfassen. (Die in Abschnitt I.D aufgestellte Hypothese stellt insofern eine Simplifizierung dar, als sie lineare Zusammenhänge formuliert.)

2. Regression per Oszillationsstärke und Änderungsstärke

Die Regressionsrechnung wurde für die beiden Personengruppen der Experten und der Schüler getrennt durchgeführt. *Abhängige Variable* war dabei jeweils die von den Vpn gegebene Durchschnittszensur. (Die Experten hatten 47, die Schüler 40 Beispiele bewertet, siehe hierzu die Tabellen 4.3 bis 4.14). *Unabhängige Variablen*, also die *Prädiktoren*, waren die relative Gesamtoszillationsstärke rO, deren quadrierte Werte rOq, die relative Gesamtänderungsstärke rA sowie deren quadrierte Werte rAq.

Die Ausführung erfolgte per SPSS 8.0 (Methode: Einschluß). Eigene Datenreihen mit den Quadrierungen waren vorab erstellt worden, so daß eine multiple lineare Regression mit den vier unabhängigen Variablen rO, rOq, rA und rAq durchgeführt werden konnte. Diese Quadrierungen wurden „vorzeichenerhaltend" gerechnet, das bedeutet beispielsweise: Aus 1.5 wird 2.25 und aus -1.5 wird -2.25. Die Ergebnisse der Regressionen werden in den Tabellen 4.25 und 4.26 dargestellt.

Durchschnittszensuren der **Experten**		Regression per rO, rOq, rA, rAq		
$r^2 = 0.661$	$r^2_{korrigiert} = 0.629$	**Varianzaufklärung: 66%**		
	Koeffizienten	standardisierte β-Koeffizienten	T	Signifikanz
Konstante	2.875		36.188	0.000**
rO	-2.912	-1.434	-5.790	0.000**
rOq	1.858	0.672	2.791	0.008**
rA	0.127	0.052	0.198	0.846
rAq	-1.531	-0.464	-1.767	0.085

Tab. 4.25: Ergebnisse der Regression für die Expertenzensuren

Aus den Koeffizienten in Tabelle 4.25 (2. Spalte) ergibt sich die Regressionsgleichung für die Expertenzensuren ZE:

$$ZE = 2.875 - 2.912 \cdot rO + 1.858 \cdot rOq + 0.127 \cdot rA - 1.531 \cdot rAq$$

Aus Tabelle 4.26 (2. Spalte) erhält man die Regressionsgleichung für die Schülerzensuren ZS:

$$ZS = 2.875 - 2.008 \cdot rO + 1.225 \cdot rOq - 1.232 \cdot rA + 0.074 \cdot rAq$$

Durchschnittszensuren der **Schüler**		Regression per rO, rOq, rA, rAq		
$r^2 = 0.727$ $r^2_{korrigiert} = 0.695$		**Varianzaufklärung: 73%**		
	Koeffizienten	standardisierte β-Koeffizienten	T	Signifikanz
Konstante	2.877		38.285	0.000**
rO	-2.008	-1.315	-5.270	0.000**
rOq	1.225	0.718	2.749	0.009**
rA	-1.232	-0.953	-3.689	0.001**
rAq	0.074	0.097	0.374	0.711

Tab. 4.26: Ergebnisse der Regression für die Schülerzensuren

Die Güte der Regression bemißt sich nach dem Wert für das r^2, dem sogenannten „Bestimmtheitsmaß", welches maximal den Wert 1 erreichen kann. Multipliziert man diese Zahl mit 100, so ist die Größe anschaulicher interpretierbar: als Prozentanteil der durch die Prädiktoren erklärten Varianz. (In den korrigierten Wert des r^2 geht u.a. die Anzahl der Prädiktoren ein; der Wert sinkt, wenn deren Zahl größer wird und läßt somit nur scheinbar „erfolgreiche" Datenanpassungen erkennen; hier ist der Unterschied zu den unkorrigierten r^2-Werten jedoch nur gering.) An den standardisierten β-Koeffizienten kann in gewissem Sinne die „Gewichtigkeit" abgelesen werden, mit der ein Prädiktor für die Datenanpassung herangezogen wird.

Die Betrachtung der β-Koeffizienten in beiden Tabellen zeigt den großen Einfluß der *Oszillationsstärke* auf die Regression. Das Minuszeichen bei rO belegt den erwarteten Zusammenhang: Je größer rO, desto niedriger (also besser) ist die Zensur. Der Koeffizient von rOq trägt in beiden Fällen das Pluszeichen; auch dies entspricht der Vorab-Vermutung: Wird die Oszillationsstärke *zu* groß, so wendet sich der Einfluß wieder zum Negativen.

Die positiven Koeffizienten bei der *Änderungsstärke* sind stets verschwindend klein, nennenswert ins Gewicht fallen ausschließlich die negativen Zahlen. Dies bedeutet: je größer die Änderungsstärke, desto positiver die Bewertung. Der Einfluß der Änderungsstärke zeigt sich bei den Schülern stärker als bei den Experten (β = -0.953 für rA gegenüber β = -0.464 für rAq), auch gelingt lediglich bei den Schülern der Nachweis der statistischen Signifikanz (bei den Experten kommt rAq lediglich in die Nähe der Signifikanzgrenze). Die von den Oszillationsstärken abgeleiteten Prädiktoren rO und rOq liefern hingegen stets hochsignifikante Beiträge.[5]

---

[5] Ein Test auf Verteilung der Residuen (per Grafik) erbrachte allerdings sowohl bei den Experten als auch bei den Schülern deutliche Abweichungen von der Normalverteilung, die Signifikanzwerte sind folglich mit einiger Vorsicht zu interpretieren.

Die Abbildungen 4.2 und 4.3 zeigen nochmals im Überblick das Ausmaß der Übereinstimmung, die sich zwischen den Hörer-Urteilen und den Regressions-Werten ergibt. (Die Sterne dort geben an, welche „Zensur" sich aus der jeweiligen Regressionsgleichung errechnet.) Darüber hinaus wird im Detail erkennbar, bei welchen Versionen die Anpassung per Regression besonders gut oder aber auch weniger gut gelingt. Hierzu ist insbesondere festzustellen, daß für den Rhythmus „Opus 4" die insgesamt schlechteste Datenanpassung unter allen Rhythmen vorliegt. Weiterhin sind einzelne Versionen ausfindig zu machen, bei denen die Differenzen auffällig groß sind: So wird die Bolero-Einspielung von S3 vom Verfahren erheblich „unterschätzt", sowohl gegenüber der Experten-, als auch gegenüber der Schülerbewertung. Gleiches gilt für die Durchschnittsfassungen M von „Opus 3" und „Opus 4" sowie die für Marsch-Version S1 bezüglich des Expertenurteils. Mehrfach „überschätzt" hingegen findet man die Einspielungen des Schlagzeugdozenten H, besonders kraß bei „Opus 4", in geringerem Maße aber auch beim „Bonanza II" oder „Siebener".

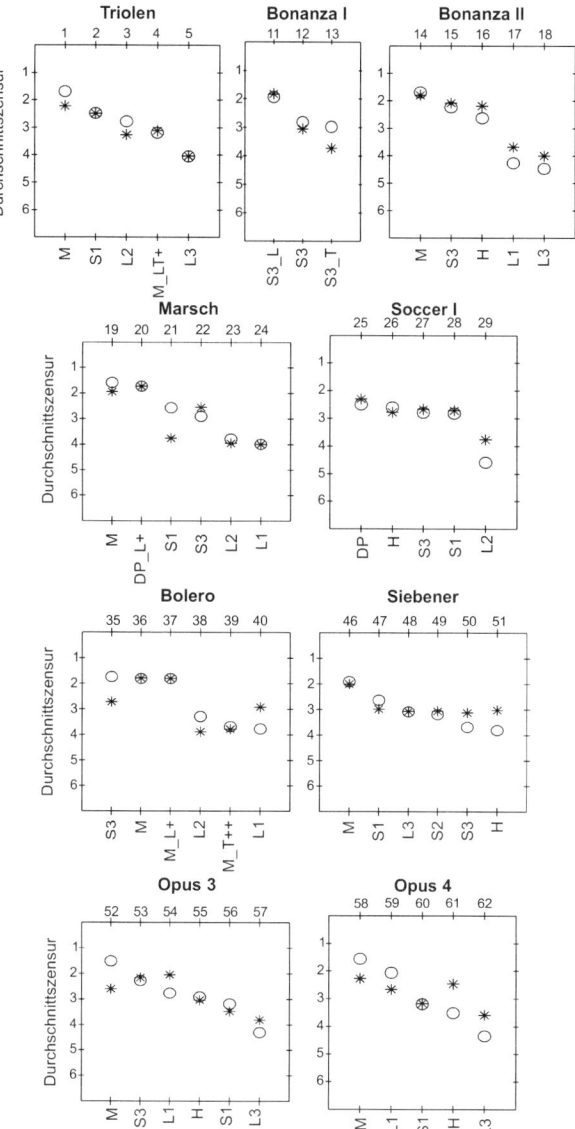

Abb. 4.2: Durchschnittszensuren der Experten (Kreise) und per Regressionsgleichung errechnete Werte (Sterne) für die einzelnen Versionen. Die entsprechenden Tracknummern der CD befinden sich an der oberen Leiste.

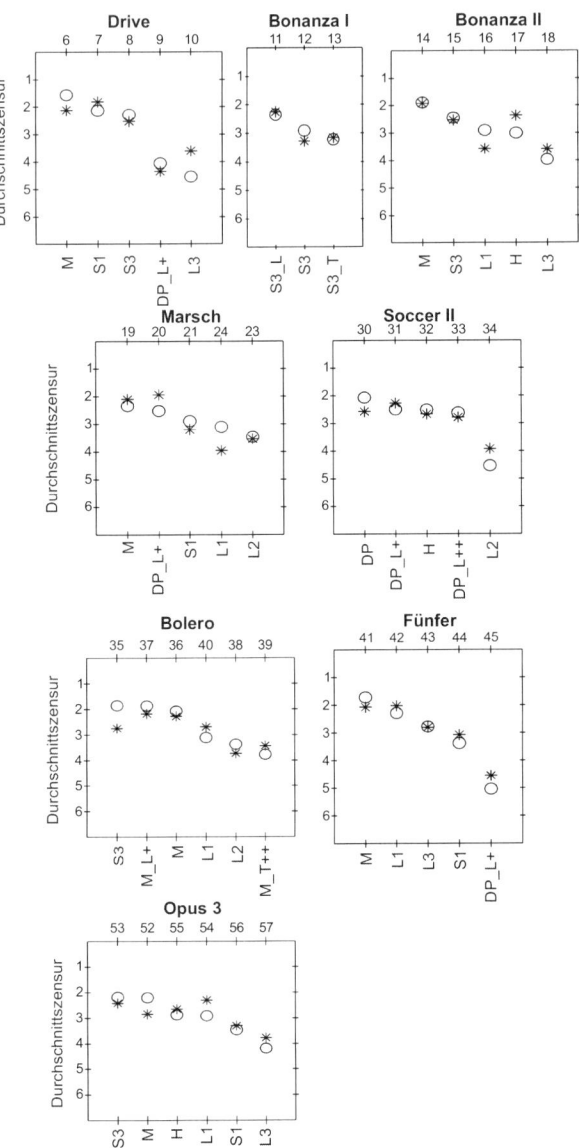

Abb. 4.3: Durchschnittszensuren der Schüler (Kreise) und per Regressionsgleichung errechnete Werte (Sterne) für die einzelnen Versionen. Die entsprechenden Tracknummern der CD befinden sich an der oberen Leiste. (Diese haben teilweise nicht aufsteigende Reihenfolge, denn die Numerierung auf der CD entspricht der Rangfolge der Experten-Bewertung.)

3. Regression per Genauigkeit und Dynamizität

Wie in Abschnitt I.D dargelegt, sah die Planung eine zusätzliche Regression mit Vergleichsprädiktoren vor. Zu diesem Zweck wurden für jede der Versionen zwei weitere Größen berechnet: die Timing-Genauigkeit GEN und die Dynamizität DYN, welche Gesamtmaße für die in einer Einspielung vorhandenen Timing- und Lautstärkeschwankungen darstellen. (Die mathematische Formulierung hierzu befindet sich in Abschnitt II.B.4.) Tabelle 4.27 enthält diese Werte für die Drive-Versionen, eine vollständige Übersicht über die Werte sämtlicher Versionen befindet sich im Anhang B.

Drive	GEN	GENm	rGEN	DYN	DYNm	rDYN
M	-2.60	-4.16	1.56	7.10	5.62	1.48
S1	-5.40	-4.16	-1.24	8.10	5.62	2.48
S3	-6.70	-4.16	-2.54	7.70	5.62	2.08
DP_L+	0.00	-4.16	4.16	2.50	5.62	-3.12
L3	-6.10	-4.16	-1.94	2.70	5.62	-2.92

Tab. 4.27: Genauigkeits- und Dynamizitätswerte der Drive-Versionen.

Die Genauigkeitswerte sind gemäß ihrer Definition entweder negativ oder null; je weiter im Negativen, desto geringer ist die Genauigkeit. Maximale Timing-Genauigkeit wird von der Deadpan-Version erreicht, wie in der zweiten Spalte von Tabelle 4.27 zu sehen ist.[6]

In Analogie zur Vorgehensweise bei den Oszillationsstärken werden auch hier die Durchschnitte GENm und DYNm gebildet und damit die Relativwerte rGEN und rDYN berechnet; letztere sind die Prädiktoren der Regression. Entsprechend zur Hypothese in Abschnitt I.D wurde vermutet:

- Je größer die Timing-Genauigkeit, desto positiver ist die Bewertung durch Hörer.
- Je größer die Dynamizität, desto positiver ist die Bewertung durch Hörer.

Diese Vermutung ergab sich nach den Vorversuchen. Insbesondere die Timing-Genauigkeit schien stark mit einer positiven Einschätzung zu korrelieren. Die Ausführung dieser Regressionen erfolgte wiederum per SPSS 8.0 (Methode: Einschluß). Die Ergebnisse finden sich in den Tabellen 4.28 und 4.29.

---

[6] Es kann vorkommen, daß auch eine Deadpan-Version einen von null verschiedenen Genauigkeitswert aufweist: nämlich dann, wenn das vorgeschriebene Tempo mit der Zeitschrittweite von 5 ms nicht exakt zu realisieren ist. Diese Abweichungen sind jedoch stets gering.

Durchschnittszensuren der **Experten**		Regression per rGEN, rGENq, rDYN, rDYNq		
$r^2 = 0.519$ $r^2_{korrigiert} = 0.473$		Varianzaufklärung: **52%**		
	Koeffizienten	standardisierte β-Koeffizienten	T	Signifikanz
Konstante	2.868		30.688	0.000**
rGEN	-0.279	-1.103	-3.081	0.004**
rGENq	0.019	0.417	1.171	0.680
rDYN	-0.085	-0.127	-0.454	0.280
rDYNq	-0.011	-0.041	-0.150	0.521

Tab. 4.28: Ergebnisse der Regression mit den Prädiktoren GEN und DYN für die Expertenzensuren

Durchschnittszensuren der **Schüler**		Regression per rGEN, rGENq, rDYN, rDYNq		
$r^2 = 0.532$ $r^2_{korrigiert} = 0.478$		Varianzaufklärung: **53%**		
	Koeffizienten	standardisierte β-Koeffizienten	T	Signifikanz
Konstante	2.840		29.188	0.000**
rGEN	-0.203	-0.913	-2.396	0.022*
rGENq	0.021	0.528	1.406	0.168
rDYN	-0.093	-0.191	-0.605	0.549
rDYNq	-0.073	-0.475	-1.486	0.146

Tab. 4.29: Ergebnisse der Regression mit den Prädiktoren GEN und DYN für die Schülerzensuren

Einen statistisch signifikanten Beitrag leistet bei beiden Personengruppen lediglich die Größe rGEN, also die Genauigkeit. Der zugehörige Koeffizient hat ein negatives Vorzeichen, dies entspricht dem erwarteten Zusammenhang: Je genauer gespielt wird, desto positiver wird auch bewertet. Die Vorzeichen der nichtsignifikanten Prädiktor-Größen können allenfalls als Indikatoren einer Tendenz interpretiert werden:

- „+" für rGENq: Wird *zu* genau gespielt, kehrt sich der zunächst positive Einfluß der Genauigkeit ins Negative.
- „-" für rDYN und rDYNq: Je größer die Dynamizität, desto positiver ist die Bewertung.

4. Modifizierungen des Modells und seiner Parameter

In Abschnitt II.A.4 war gezeigt worden, welche Auswirkungen sich für das Erscheinungsbild von Oszillogrammen ergeben, wenn bestimmte Algorithmen des Modells *nicht* ausgeführt werden. Im Zusammenhang mit der Regression wurde nun geprüft, welche Konsequenzen sich hieraus für die Güte der Regression ergeben. Eine Übersicht gibt Tabelle 4.30, zusätzlich noch für den Fall, daß die Onsets beim Input nicht berücksichtigt werden.

	Varianzaufklärung in %	
	für die Experten-Urteile	für die Schüler-Urteile
mit allen Algorithmen	66	73
ohne erste Kontrastverschärfung	24	49
ohne zweite Kontrastverschärfung	33	50
nur die reelle Summation	43	33
nur die komplexe Summation	12	51
ohne Fokussierung	65	70
ohne Berücksichtigung der Onsets	34	64

Tab. 4.30: Auswirkungen verschiedener Modifizierungen auf die Güte der Regression.

Durchweg ergeben sich Verschlechterungen, wenn Teile des Verfahrens nicht ausgeführt werden. In einigen Fällen nimmt diese „dramatische" Ausmaße an, so etwa bei den Experten, wenn die Kontrastverschärfungen oder der reelle Summationsalgorithmus fortgelassen werden. Die Regression für die Schülerbewertungen scheint insgesamt etwas „robuster" gegen die Änderungen zu sein, die Qualitätseinbußen fallen zumeist weniger stark aus. Festzustellen bleibt insbesondere, daß die besondere Berücksichtigung der Onsets für die Anpassung an die Expertenbewertungen sehr viel wichtiger ist als bei den Schülern.

Im Zusammenhang mit den sogenannten „uneigentlichen" Periodizitäten (siehe Abbildung 3.1 und zugehörigen Text) wurde überprüft, welche Konsequenzen sich ergeben, wenn der Unterdrückungseffekt so stark eingestellt wird wie beim Oszillogramm in Abbildung 3.2, wenn also die entsprechenden Oszillationen weitgehend eliminiert werden. Die Varianzaufklärung durch das Verfahren vermindert sich in diesem Falle von 66 auf 46% bei den Experten und von 73 auf 50% bei den Schülern, sinkt mithin bei beiden Gruppen auf etwa zwei Drittel der ansonsten erreichten Werte.

In einer breit angelegten Serie von weiteren Rechnungen wurde versucht, für jede der beiden Personengruppen *getrennt* diejenigen Einstellungen des Modells zu finden, welche eine optimale Anpassung an die Bewertungen ergeben. Da bei dem Verfahren insgesamt 16 verschiedene Parameter wie z. B. die Stärke des Decay und die Stärkegrade der Kontrastverschärfungen einstellbar sind (vollständige Angaben hierzu befinden sich in Abschnitt II.B) und weil es zum Teil komplizierte Wechselwirkungen zwischen den Effekten gibt, mußte eine große Zahl von Kombinationsmöglichkeiten überprüft werden. Insgesamt wurden ca. 600 verschiedene solcher Möglichkeiten getestet. Das bedeutete: Für jede dieser Parameter-Konstellationen waren die 62 Oszillogramme und 62 Expektogramme aller bewerteten Versionen zu berechnen, daraus die Größen O und A abzuleiten und damit dann eine Regression durchzuführen. Für jede der ca. 600 Kombinationsmöglichkeiten erhielt man folglich ein Bestimmtheitsmaß und konnte danach beurteilen, wie „gut" diese Konstellation bezüglich der Datenanpassung „arbeitet". Die optimalen Konstellationen sind vollständig in Abschnitt II.B.3 (Tabelle 2.2) angegeben. Hier seien die besonders bemerkenswerten Punkte herausgestellt:

- Die Onsets sind bei den Experten stärker zu gewichten als bei den Schülern.
- Die Kontrastverschärfungen sind bei den Experten stärker vorzunehmen als bei den Schülern.
- Das Decay sollte für die Experten schwächer eingestellt werden, der Abfall also langsamer erfolgen als bei den Schülern.
- Der reelle Summationsalgorithmus (welcher die niederfrequenten Oszillationen „begünstigt", siehe Abbildung 2.20) sollte bei den Experten einen wesentlich größeren Anteil haben als bei den Schülern.
- Die sogenannte „einhüllende" Kurve des Frequenzbereichs (siehe Abbildung 2.12) sollte an den Rändern weniger steil abwärts gehen, dies gilt für Experten *und* Schüler.

Mit den jeweils optimalen Einstellungen des Modells verbessert sich die Varianzaufklärung durch das Verfahren
– von 66 auf 75% bei den Experten,
– von 73 auf 80% bei den Schülern.

Anhand zweier Beispiele soll gezeigt werden, welche Detailergebnisse dieser Optimierungsvorgang mit sich brachte. In den Abbildungen 4.4 und 4.5 (siehe Anhang F am Ende dieses Bandes) wird dargestellt, wie sich die Güte der Regression bezüglich verschiedener Gruppen und Untergruppen mit den Werten zweier Parameter ändert. Aus Gründen der maximalen Vergleichbarkeit zwischen Experten und Schülern liegen den Abbildungen Regressionsrechnungen zugrunde, welche ausschließlich die 25 von Experten *und* Schülern bewerteten Versionen berücksichtigen.

Der obere Teil von Abbildung 4.4 (Anhang F) zeigt, daß sich das Optimum für die Experten insgesamt bei einem niedrigeren Decaywert befindet als bei den Schülern insgesamt. Im unteren Teil sieht man am Verlauf der Kurven: Die Ähnlichkeit zwischen den jungen Experten und den Schülern ist größer als zwischen den Musiker-Schülern und den Experten. Man beachte hierbei, daß sich unter den Schülern die Musiker von den Nichtmusikern im *Verlauf* kaum unterscheiden, bei den Nichtmusikern liegt die Güte der Regression lediglich generell niedriger; hingegen gibt es einen deutlichen Verlaufs-Unterschied zwischen den jüngeren und älteren Experten. Ein ganz ähnliches Bild zeigt sich in Abbildung 4.5 (Anhang F): Das Optimum für die Experten liegt hier allerdings bei einem im Vergleich zu den Schülern *höheren* Unterdrückungswert; bezüglich der Verlaufsähnlichkeit jedoch ist wieder die Nähe der jungen Experten zu den Schülern festzustellen.

5. Diskussion

Die eingangs aufgestellte Hypothese vom engen Zusammenhang zwischen den Oszillationen und der Bewertung von Einspielungen durch Hörer hat sich bestätigt. Die beiden aus dem Modell errechenbaren Größen der Gesamtoszillationsstärke O und der Gesamtänderungsstärke A ergeben Varianzaufklärungen von 66% bei den Experten und 73% bei den Schülern. Diese Werte lassen sich durch Optimierungen der Einstellungen noch weiter verbessern.

Die beiden zum Vergleich herangezogenen Prädiktoren, die Timing-Genauigkeit GEN und die Dynamizität DYN, erreichen mit Varianzaufklärungen von 52% und 53% hingegen deutlich schlechtere Werte.

Von Interesse sind in diesem Zusammenhang die Korrelationen zwischen den vier verwendeten Prädiktoren. Tabelle 4.31 enthält diese Werte, wie sie sich aus den Zahlen für alle 62 bewerteten Versionen ergeben.

Korrelationen (n = 62 für alle)	O	A	GEN	DYN
O		0.20 p = 0.111	0.61 p = 0.000**	0.31 p = 0.015*
A	0.20 p = 0.111		0.15 p = 0.241	0.15 p = 0.234
GEN	0.61 p = 0.000**	0.15 p = 0.241		-0.04 p = 0.773
DYN	0.31 p = 0.015*	0.15 p = 0.234	-0.04 p = 0.773	

Tab. 4.31: Korrelationen zwischen den Prädiktoren, ermittelt über alle 62 Versionen.

Die Werte zeigen zunächst, daß die Prädiktoren O und A nahezu unabhängig voneinander sind, ebenso das Paar aus GEN und DYN. Die Prädiktorenpaare haben also jeweils weitgehend unterschiedliche Informationen in die Regression eingebracht.

Der stärkste und einzig hochsignifikante Zusammenhang besteht zwischen der Oszillationsstärke und der Genauigkeit; gleichwohl beträgt auch dieser Wert „nur" 0.61. Hier deutet sich eine Beziehung an, die bei den Analysen zahlreicher weiterer Performances beobachtet werden konnte: Genauigkeit ist *ein* wichtiger Faktor zur Erzielung hoher Oszillationsstärken, aber es kommen andere, schwerer zu fassende hinzu – z.B. eine gewisse Dynamizität (man beachte hierzu die schwache, wenn auch signifikante Korrelation zwischen O und DYN). Insgesamt ist es eine komplexe Wechselwirkung zwischen der Timing- und Lautstärkegestaltung, welche den Wert der Oszillationsstärke determiniert.[7]

Die Abbildungen 4.2 und 4.3 visualisieren die insgesamt gute Datenanpassung und weisen zugleich auf Stellen, an denen Erklärungsbedarf für größere Abweichungen besteht. Die insgesamt schlechte Anpassung bei „Opus 4" erscheint nicht erstaunlich, ist in diesem Rhythmus das Moment des Repetitiven, Ostinaten doch besonders gering ausgeprägt und die nur mangelhafte Erfassung von Performance-Qualität durch ein Oszillationsmodell von daher begreiflich. Bemerkenswert erscheint die „Unterschätzung" der Durchschnittsfassungen M gerade bei den beiden „durchkomponierten" Rhythmen „Opus 3" und „Opus 4": Es sieht so aus, als enthielten gerade diese Versionen erhebliche „nichtoszillatorische" Qualitäten. In den verbalen Äußerungen zur Durchschnittsfassung von „Opus 3" wird einige Male das „gute Crescendo" hervorgehoben, dies könnte eine solche „nichtoszillatorische" Qualität sein.

Die mehrfach „überschätzten" Einspielungen des Schlagzeugdozenten H wurden von den Vpn häufig mit Kommentaren wie „Lautstärkeunterschiede zu stark" bedacht; dies ist als Indiz dafür aufzufassen, daß das Verfahren ein „Manko" dieser Art nicht ausreichend erfaßt. Die „unterschätzte" Bolero-Version S3 wird in außergewöhnlichem Maße mit Vokabeln wie „kraftvoll, energisch, dynamisch, lebendig" bedacht; diese Qualität scheint durch das Modell nicht genügend erkannt zu werden.

Aus solchen Beobachtungen ergeben sich Hinweise, in welche Richtungen das Verfahren verbessert werden sollte. Hierauf wird in Kapitel V zurückzukommen sein.

Zum Unterschied zwischen der Experten- und der Schülerregression stellt sich zunächst die Frage, ob dieser tatsächlich auf Unterschiede im Verhalten der Personen oder aber auf die etwas anderen Versuchsbedingungen und die teil-

---

[7] An dieser Stelle sei noch vermerkt, daß eine quadratische Regression mit *allen vier* Prädiktoren (Oszillationsstärke, Änderungsstärke, Genauigkeit und Dynamizität) eine nur noch geringe Verbesserung gegenüber der Regression allein mit Oszillationsstärke und Änderungsstärke erbringt: Die Varianzaufklärung steigt lediglich von 66 auf 68% bei den Experten und von 73 auf 76% bei den Schülern. Die Größen O und A scheinen die wichtigsten Informationen aus GEN und DYN bereits zu enthalten.

weise anderen Rhythmen und Versionen zurückzuführen ist.[8] Bezüglich der Versuchsbedingungen ist dies derzeit schwierig zu beurteilen, zum Gesichtspunkt der unterschiedlichen Rhythmen ist jedoch noch eine differenziertere Betrachtung vorzunehmen. Tabelle 4.32 gibt eine Übersicht über die Zuordnung der Beispiele.

	Rhythmen
identische Beispiele	Bonanza I Bonanza II Marsch Bolero Opus 3
ähnliche Beispiele	Soccer I (Experten) und Soccer II (Schüler) Siebener (Experten) und Fünfer (Schüler)
verschiedene Beispiele	Triolen (nur Experten) Drive (nur Schüler) Opus 4 (nur Experten)

Tab. 4.32: Vergleich der bei den Experten und Schülern verwendeten Beispiele.

Die Rhythmen „Soccer I" und „Soccer II" unterschieden sich allein durch das Tempo, jeweils drei der fünf zugehörigen Versionen sind ansonsten gleich; „Siebener" und „Fünfer" sind vom gleichen asymmetrischen Typus. Von daher ist bei diesen beiden Rhythmen noch von einer zumindest ähnlichen Basis der Experimente auszugehen. Keine „Pendants" bei der jeweils anderen Gruppe haben also lediglich 11 von insgesamt 47 Versionen bei den Experten (nämlich die zu den Rhythmen „Triolen" und „Opus 4") sowie 5 der 40 Versionen bei den Schülern (die zum Rhythmus „Drive"). Es ist von daher unwahrscheinlich, daß die Unterschiede zwischen Experten und Schülern bei der Regression *allein* auf den Anteil unterschiedlicher Beispiele zurückgeführt werden können.

Die Unterschiede zwischen den Vpn-Gruppen lassen sich in den folgenden Punkten zusammenfassen:

- Die Datenanpassung bei den Schülern gelingt besser, wenn ein *höherer Anteil der Änderungsstärke* einbezogen wird. Dies zeigt sich an den β-Koeffizienten und Signifikanzen der Tabellen 4.25 und 4.26.
- Die Datenanpassung bei den Schülern gelingt besser, wenn die *Kontrastverschärfungen* im Modell *weniger stark* vorgenommen werden. Dies ergibt

---

[8] Aus heutiger Sicht mag es unverständlich erscheinen, daß beiden Personengruppen nicht exakt dieselben Beispiele zur Bewertung zugewiesen wurden. In der Frühphase der Arbeit jedoch war ein solcher Personengruppenvergleich noch nicht vorgesehen gewesen; später dann konnten nicht mehr alle dafür notwendigen Versuche durchgeführt werden.

sich aus den Optimierungsrechnungen (siehe Abschnitt F.4 und Tabelle 2.2). Zu diesem Gesichtspunkt zählt auch die (bei Schülern niedriger zu wählende) Berücksichtigung der Onsets, welche in gewissem Sinne auch eine Kontrastverschärfung bedeutet (nämlich zwischen dem Beginn und dem „Rest" eines Tones).

- Die Datenanpassung bei den Experten gelingt besser, wenn die *größeren zeitlichen Einheiten* im Modell *stärker* berücksichtigt werden. (Dies ergibt sich ebenfalls aus den Optimierungsrechnungen.) Hierunter ist einerseits die Verstärkung der niederfrequenten Oszillationen durch den Anteil des reellen Summationsalgorithmus (siehe Abbildung 2.20) zu fassen, denn niederfrequente Oszillationen sind solche mit längeren Perioden, finden also in größeren Zeiträumen statt. Andererseits gehört in diesen Zusammenhang auch das weniger starke Decay, denn dies bedeutet: Die Vergangenheit ist in der Gegenwart stärker präsent.

Die Frage, inwieweit sich hier Unterschiede in der allgemeinen psychischen Disposition der Vpn spiegeln, sei im Rahmen der vorliegenden Arbeit nur gestreift. Immerhin liegt es nahe, den einen oder anderen Zusammenhang zu vermuten: Daß beispielsweise *Veränderung* für junge Menschen generell und nicht nur bei Musik etwas besonders Positives darstellt, scheint der Alltagserfahrung zu entsprechen. Als plausibel darf auch die Vermutung gelten, daß Jüngere in ihrem Erleben ganz allgemein stärker auf die Gegenwart fokussiert und weniger als ältere Menschen auf Vergangenheit und Zukunft bezogen sind.

Daß die Unterschiede zwischen Experten und Schülern eher ein Alterseffekt denn eine Folge der musikalischen Ausbildung sind, mag aufgrund der Kurven in den Abbildungen 4.4 und 4.5 (Anhang F), welche auch für die (hier nicht gezeigten) Verläufe bei anderen Modellparametern typisch sind, vermutet werden. Hierzu wäre weitere Forschung durchzuführen.

Mit der größeren Bedeutung der Änderungsstärken für Schüler läßt sich erklären, warum die Durchschnittsfassungen von ihnen weniger positiv bewertet werden: Der „Vorteil" dieser Versionen gegenüber den „Konkurrenten" liegt im allgemeinen viel mehr in den Oszillationsstärken als – wenn überhaupt – in den Änderungsstärken. (Siehe hierzu die Tabellen 4.3 bis 4.14.) Die „ausgleichende" Wirkung der Durchschnittsbildung verhindert starke Änderungen.

Kapitel V
Diskussion

A. Das Modell als Periodizitätsdetektor

Wie die Oszillogramme in Kapitel III zeigen, arbeitet das Modell als verläßlicher Detektor: In allen Fällen einer offensichtlich vorhandenen rhythmischen Periodizität wird diese durch eine entsprechende Schwärzung im Oszillogramm dargestellt. Dies ergab sich ebenso für eine große Zahl weiterer Rhythmen, die auf gleiche Weise analysiert wurden (deren Oszillogramme im Rahmen dieser Arbeit jedoch nicht abgedruckt werden können). Das Untersuchungsmaterial insgesamt repräsentierte hierbei ein weites Spektrum an rhythmischen Konstellationen europäischer Musik. Aufgrund dieser umfangreichen Tests kann von einem zuverlässigen Werkzeug der Periodizitätsdetektion gesprochen werden.

Die Anwendungen des Verfahrens zeigen, daß in den Oszillogrammen nicht nur Periodizitäten im strengen Sinne angezeigt werden, sondern daß das Modell sensibel im Sinne einer gleich mehrfach erweiterten Auffassung von Periodizität reagiert. Diese Erweiterungen lassen sich in vier Kategorien einteilen:

1. Bereits ein *einmalig* zwischen zwei benachbarten Tönen vorkommendes Zeitintervall führt zu einer Schwärzung im Oszillogramm. Dies ist insofern eine Erweiterung, als man von Periodizität gemeinhin erst dann spricht, wenn sich das Intervall wenigstens einmal *wiederholt*. Aus dieser Sicht wäre das Modell eigentlich als *Zeitintervalldetektor* zu bezeichnen. Die Funktion als *Periodizitätsdetektor* bleibt gleichwohl in jedem Fall gewahrt, denn die *Wiederholung* eines Zeitintervalls führt zu erheblich dunklerer Färbung im Oszillogramm; man sieht also deutlich, wenn derselbe Abstand mehrfach auftritt.

2. Periodizitäten werden auch dann angezeigt, wenn die zugehörigen Perioden nicht direkt aneinanderstoßen, sondern sich Lücken zwischen ihnen befinden oder sie sich überlappen. Solche „uneigentliche" Periodizitäten werden beispielsweise in den Oszillogrammen der punktierten Rhythmen dargestellt (man siehe hierzu die Abbildung 3.1 und die Erläuterungen im Text).

3. Nicht nur die Oszillationen, die zu tatsächlich in der Musik enthaltenen Periodizitäten gehören, werden stimuliert, sondern auch deren Ober- und Unterschwingungen. Dieser Effekt zeigt sich deutlich bei einer einfachen Folge gleichmäßiger Viertelnoten (Abbildung 3.5), ist aber stets auch in komplexeren Rhythmen wirksam, wie man zum Beispiel im Oszillogramm einer Fünfer-Einspielung (Abbildung 3.15) sehen kann.

4. Eine letzte Kategorie wird gebildet von solchen Oszillationen wie der auf Achteltriolen-Ebene beim punktierten Rhythmus (Abbildung 3.1). Diese „er-

staunlichen" Oszillationen haben ihren Ursprung als „Oberschwingung", werden jedoch durch *ungefähr* zu ihrer Periodizität passende Pulse zusätzlich stimuliert.

Das Modell liefert also nicht nur die erwarteten, sondern zusätzliche, überraschende Antworten auf die Frage nach den Periodizitäten eines Rhythmus. Wie ist dieses zu bewerten? In den in Kapitel I erwähnten Äußerungen und Definitionsversuchen waren keine Anhaltspunkte für ein solcherart erweitertes Verständnis des Periodizitätsbegriffes zu finden gewesen. Entscheidend für die Bewertung jedoch ist allein die Frage der *Relevanz* dieser zusätzlichen „Leistungen" des Modells für die *musikalische Analyse*.

Diese Frage ist für die Eigenschaft des Zeitintervall-Detektierens (Punkt 1) eindeutig zu bejahen. Ermöglicht sie doch die Verwendung der Oszillogramme zur Analyse feiner Temposchwankungen einer Performance, und diese bestehen in der Regel aus Abweichungen zwischen *einzelnen*, einander benachbarten Zeitstrecken, treten also *nicht* erst bei der *Wiederholung* gleicher Zeitintervalle auf.

Bezüglich der „uneigentlichen" Periodizitäten (Punkt 2) ist die Frage der musikalischen Relevanz schwieriger zu beantworten. Die bisher analysierten Beispiele geben Anlaß zur Vermutung, daß gerade die musikalisch interessanteren Rhythmen (hierzu seien u.a. der Punktierte und der Fünfer gerechnet) solche Oszillationen enthalten. Als derzeit stärkstes Argument ist festzuhalten, daß ihre (grundsätzlich mögliche) Unterdrückung die Ergebnisse der Regression wesentlich verschlechtert: Sie verringert – wie in IV.F.4 berichtet – die Varianzaufklärung von 66 auf 46% bei den Experten und von 73 auf 50% bei den Schülern. „Uneigentliche" Periodizitäten sind für die Erklärung der Bewertungsresultate mithin sehr nützlich.

Die vom Verfahren stets miterzeugten Ober- und Unterschwingungen (Punkt 3) sind musikalisch plausibel, sofern man Oszillationen im Rahmen einer erweiterten Theorie als erwartungsgenerierend betrachtet; auch befindet sich die Existenz von Unterschwingungen im Einklang mit den Ergebnissen einer Reihe von Experimenten mit isochronen Pulsen. Zu beiden Argumenten sei auf die Ausführungen zu Abbildung 3.5 verwiesen.

Bezüglich der oben „erstaunlich" genannten Oszillationen gelten ähnliche Feststellungen wie im Zusammenhang mit den „uneigentlichen" Periodizitäten: Ihre musikalische Relevanz muß für den gegenwärtigen Zeitpunkt offen bleiben. Zu konstatieren ist die Tatsache, daß sie in die Berechnung von Oszillations- und Änderungsstärken mit eingehen und somit zu den guten Ergebnissen der Regression beitragen. Leider ist es derzeit nicht möglich, sie zu unterdrücken und somit ihren tatsächlichen Einfluß zu testen. Im Zusammenhang mit der Triolenoszillation beim punktierten Rhythmus (Abb. 3.1) sei noch eine Beobachtung mitgeteilt: Die Kombination von Triolen und Punktierung tritt (simultan oder sukzessiv) in der klassisch-romantischen Musikliteratur recht häufig und an prominenter Stelle auf: Man denke etwa an die berühmte „Mondschein"-Sonate von Beethoven, an Schuberts „große" C-Dur-Sinfonie (1. Satz, 1. Thema) oder an den Anfang des 3. Satzes der 6. Sinfonie von Tschaikowsky. Diese Kombination scheint häufiger aufzutreten als etwa die Verbindung des Punktierten (Dreisechzehntel plus Sechzehntel) mit Achteln. Würde sich dies in systematischen Untersuchungen bestätigen, so befände es sich in Übereinstimmung mit den entsprechenden Oszillationsstärken in Oszillogramm 3.1, welche signalisieren, daß Triolen besser zum punktierten Rhythmus „passen" als Achtel; denn die Triolenoszillationen werden durch den Punktierten mitstimuliert, Achteloszillationen hingegen kaum.

„Fehlerhaft" arbeitet das Modell in zwei Fällen: Zum einen produziert es am Beginn eines Musikstücks im Rahmen eines Einschwingvorgangs das erwähnte leichte „Rauschen": schwache Oszillationen, welche nicht von musikalischen Ereignissen herrühren. Dies war anhand von Abbildung 3.1 erläutert worden. Zum anderen gibt es in einigen Fällen ein leichtes „Wegrutschen" eines Oszillationsbandes nach unten, ohne daß diesem eine Verlangsamung in der Musik entspricht. Das Oszillogramm 3.15 enthält ein Beispiel hierfür.

Das anfängliche Rauschen erscheint tolerierbar, da dies klar zu lokalisieren ist und daher kaum zu Fehlinterpretationen führen kann. Das „Wegrutschen" hingegen stellt eine ernstere Beeinträchtigung dar, da dies fälschlicherweise für eine Temposchwankung gehalten werden könnte. Immerhin ist festzustellen, daß dies bislang fast nur bei schwach aktivierten Oszillationen beobachtet wurde und es sich um eine relativ seltene Erscheinung handelt. Eine Überprüfung etwa der in Abbildung 3.12 angezeigten Temposchwankungen auf Sechzehntelebene ergab, daß diese durchweg auf tatsächliche Schwankungen in der Performance zurückzuführen sind. Zu überlegen wäre, diesem Phänomen mit einer noch stärker eingestellten ersten Kontrastverschärfung zu begegnen; diese bekämpft solche unerwünschten Verschiebungen von Oszillationsbändern, wie man aus dem Vergleich der Abbildungen 2.16 und 2.17 ersehen kann. Bislang konnte jedoch noch nicht geprüft werden, welche Konsequenzen dies eventuell an anderer Stelle nach sich ziehen würde. Zu verweisen ist zudem auf ein merkwürdiges Phänomen, welches von Meumann (1894, S. 315/316) beobachtet wurde: daß Versuchspersonen, die zunächst mit einer extern gegebenen gleichmäßigen Pulsfolge mitklopfen, nach Abschalten dieses externen Signals leicht *verlangsamt* weiterklopfen. Dies würde mit dem „Wegrutschen", wie es in Oszillogramm 3.15 zu sehen ist, gut korrespondieren: Dort verschiebt sich die Frequenz der Achtelnotenebene *nach Beendigung* der Tonfolge leicht nach unten. Zu prüfen wäre also, ob aus einer solchen „Unzulänglichkeit" des Systems nicht möglicherweise Erklärungen für bislang rätselhafte Beobachtungen gewonnen werden können und das „Manko" folglich mit einer *tatsächlich* in der Wahrnehmung existierenden Schwäche übereinstimmt.

Eine fundamentale Eigenschaft des Verfahrens ist es, Periodizitäten nicht nur zu detektieren, sondern diesen auch Stärkegrade zuzuordnen. Akzeptiert man grundsätzlich die vom Modell ausgewiesenen Periodizitäten, so ist in einem zweiten Schritt zu fragen, ob die ihnen zugeordneten Stärkegrade an allen Stellen die richtigen Werte haben, das heißt: ob sie in guter Näherung der musikalischen Wahrnehmung entsprechen. Diese Frage zu beantworten ist schon allein aufgrund der Fülle der auch nur in *einem* Oszillogramm enthaltenen Daten ein schwieriges Unterfangen.

Zunächst ist hierzu ein sorgfältiges Studieren der Oszillogramme vorzunehmen und kritisch zu prüfen, ob sich irgendwo offensichtliche Widersprüche zur musikalischen Erfahrung ergeben. Studiert man auf diese Weise zahlreiche verschiedenartige Beispiele, so darf man annehmen, daß ein eventuelles Fehlverhalten des Modells wenigstens in *irgend einem* der vielen Fälle zu einer offensichtlichen Absurdität führt und somit dort erkannt werden kann.

Die sorgfältige Analyse einer großen Zahl von Oszillogrammen ergibt, daß die angezeigten Stärkegrade überwiegend plausibel oder zumindest nicht abwegig erscheinen. Von einer bedeutsamen Ausnahme hiervon ist jedoch bereits in Kapitel III im Zusammenhang mit Abbildung 3.5 berichtet worden: Es geht hierbei um die fehlende „Bevorzugung" der Frequenzrelationen 1:2, 1:4, 1:8 usw. Denn ganz offensichtlich haben solche zeitlichen Relationen zumindest in der europäischen Musik eine herausragende Bedeutung, dies zeigt sich auf verschiedenen Ebenen der formalen und rhythmischen Gestaltung von Musik: Gruppierungen zu zwei, vier, acht oder sechzehn Takten sind die weitaus häufigsten, ebenso dominieren Halbe-, Viertel-, Achtel- und Sechzehntelnoten das Notenwertspektrum gegenüber triolischen oder gar quintolischen Bildungen. In Übereinstimmung hiermit stehen die bereits erwähnten Experimente zur subjektiven Rhythmisation (Bolton 1894, S. 215), bei denen Ähnliches festgestellt wurde. Dieses Phänomen müßte sich an den Oszillationsstärken beispielsweise darin zeigen, daß die vierte Unterschwingung stärker als die dritte aktiviert wird – dies ist jedoch nicht der Fall. Offensichtlich ist dieser Effekt im derzeitigen Modell nicht enthalten. Hingewiesen sei darauf, daß diese Tatsache zwar am stärksten im Oszillogramm einer einfachen Folge gleicher Noten *auffällt* (Abbildung 3.5), dieser Mangel jedoch auch bei komplexeren Rhythmen besteht. Auch ist er der Grund dafür, daß die Ganznotenoszillation beim Vierviertakt in Abbildung 3.6 nicht stark genug erscheint. An dieser Stelle ergibt sich die Notwendigkeit einer Verbesserung (siehe hierzu den späteren Abschnitt V.D.2).

Zur Frage der „richtigen" Werte bei den Oszillationsstärken ist natürlich abermals auf die insgesamt erfolgreiche Regression zu verweisen, welche als eine indirekte Bestätigung dafür gewertet werden kann, daß die Zahlen zumindest nicht völlig falsche Relationen widerspiegeln.

Als weitere und direktere Testmöglichkeit bestünde die Möglichkeit, Versuchspersonen zu einem Rhythmus verschiedene Pulse darzubieten (welche einer bestimmten Oszillation entsprechen) und diese nach ihrem „Goodness-of-Fit" bewerten zu lassen.

Tapping-Experimente (wie etwa bei Parncutt 1994), bei denen die Vpn selbst Pulse produzieren, sind im Zusammenhang des hier vorgestellten Modells problematischer: Denn vermutlich würde keine der Vpn einen Puls von „uneigentlicher" Periodizität wie beim punktierten Rhythmus *produzieren*, schon deshalb nicht, weil die motorische Umsetzung sehr schwierig wäre. Daraus könnte jedoch nicht auf die Nichtexistenz solcher Oszillationen bei der Wahrnehmung geschlossen werden.

B. Das Modell und die Bewertung von Performances

Die Regression ergab, daß sich mit den beiden aus dem Modell ableitbaren globalen Größen der Gesamtoszillationsstärke O und Gesamtänderungsstärke A eine Anpassung an die durchschnittlichen Bewertungen erreichen läßt, welche einer Varianzaufklärung von 66% bei den Experten und 73% bei den Schülern entspricht. Dieses Ergebnis läßt sich auf 75% bzw. 80% verbessern, wenn man die Parametereinstellungen optimiert.

Eine solche Aufklärungsrate ist als sehr hoch einzuschätzen angesichts der Tatsache, daß für die Bewertung von Rhythmus-Performances bislang fast keine objektiv überprüfbaren Kriterien genannt werden können. Auch die Vpn des hier durchgeführten Versuchs konnten kaum jemals objektive Gründe nennen, sie haben sich weitestgehend auf ihre Intuition gestützt. Vor diesem Hintergrund bedeutet eine Varianzaufklärung von mehr als zwei Dritteln ein erstaunliches Maß an Objektivierbarkeit.

Auch die Ergebnisse der Vergleichsregression sprechen für das Oszillationsmodell: Die Anpassung mit den beiden Kontrollprädiktoren „Genauigkeit" und „Dynamizität" ergibt eine erheblich geringere Varianzaufklärung von 52% und 53%. Die eingangs aufgestellte Hypothese vom starken Zusammenhang zwischen den Oszillationen und den Bewertungen, und damit das Modell als Ganzes, kann somit als bestätigt angesehen werden.[9]

---

[9] Bewertet man die Höhe der Varianzaufklärung, so ist zu berücksichtigen, daß die Wahrscheinlichkeit von guten Ergebnissen bei der Datenanpassung an Mittelwerte etwas höher ist als bei der Anpassung an Einzeldaten. Dies folgt aus allgemeinen wahrscheinlichkeitstheoretischen Überlegungen. Wie gut die Ergebnisse sind, zeigt sich dennoch anhand der Vergleichsregression mit den Prädiktoren GEN und DYN, die unter denselben „statistisch begünstigten" Bedingungen durchgeführt wurde.

Das Oszillationsmodell war zunächst für die detaillierte Analyse von Rhythmen und deren Visualisierung in den Oszillogrammen entwickelt und optimiert worden. Gesichtspunkte von musikalischer Qualität blieben in dieser Phase außer Betracht. Dennoch ließen sich die hohen Varianzaufklärungen von 66% und 73% *auf Anhieb* mit diesem lediglich an Oszillogrammen optimierten Modell erzielen. Noch weitergehender läßt sich formulieren: Was „nützlich" für gute Oszillogramme ist, ist auch „nützlich" für eine hohe Varianzaufklärung. Hierzu sei an die Versuchsrechnungen aus IV.F.4 erinnert: Läßt man zentrale Mechanismen des Modells wie zum Beispiel die beiden Kontrastverschärfungen oder die Fokussierung fort, verschlechtert man also das Bild der Oszillogramme, so ergibt sich ebenfalls eine zumeist sogar dramatische Verschlechterung der Varianzaufklärung. (Man vergleiche hierzu die Abbildungen 2.16 bis 2.21 mit der Tabelle 4.30.) Die Doppelbestätigung auf zwei voneinander unabhängigen Feldern erhält man also nicht nur für das Modell *als Ganzes*, sondern auch für *einzelne seiner Mechanismen*.

Die Steigerung der Varianzaufklärung auf 75% und 80% durch eine weitere Optimierung der Parametereinstellung anhand der Bewertungen (IV.F.4) kann derzeit nicht abschließend beurteilt werden. Aus wissenschaftstheoretischer Sicht ist eine solche Optimierung zunächst kritisch zu sehen: Denn modifiziert man ein Modell genau *so*, daß sich die bestmögliche Anpassung an die Daten ergibt, erscheint es fragwürdig, die resultierende gute Datenanpassung anschließend als einen Erfolg des Modells auszugeben. Gleichwohl ist hier eine differenziertere Betrachtung vonnöten: Ein solcher Optimierungsvorgang liefert Hypothesen für die weitere Forschung und lotet zudem die Obergrenze dessen aus, was mit einem solcherart konstruierten Modell erreicht werden kann. Er ist von daher legitim und aufschlußreich.

Zudem ist es unrealistisch zu erwarten, daß die optimalen Parametereinstellungen allein aufgrund der Visualisierung des Outputs in den Oszillogrammen gefunden werden können, enthalten diese doch meist eine gewisse „Bandbreite der Plausibilität". Ob beispielsweise die Abnahme der Oszillationsstärken zu den Rändern des Frequenzbereichs hin (als Folge der „einhüllenden" Kurve, Abb. 2.12) etwas stärker oder etwas weniger stark erfolgen sollte, kann zunächst nicht entschieden werden; *plausibel* ist zunächst nur, *daß* eine Abnahme stattfindet und diese nicht abrupt erfolgen sollte. Zur Bestimmung des *genauen Maßes* hierfür sind experimentelle Daten erforderlich; und die Optimierung per Regression stellt eine Möglichkeit dar, dieses Maß indirekt zu finden.

Tatsächlich zeigte sich, daß die Varianzaufklärung besser wird, wenn die Abnahme nach den Rändern hin etwas weniger steil als in Abb. 2.12 erfolgt (Größe cEH in Tabelle 2.2), wenn also auch die Randfrequenzen das Gesamtergebnis noch etwas stärker beeinflussen können; dies gilt sowohl bei den Experten als auch bei den Schülern. Dies war im voraus nicht zu wissen oder abzuleiten, zumal auch in der Literatur zu diesem Punkt keine einheitlichen Aussagen zu finden sind (Kopiez & Langner 1998). Folglich erscheint es legitim, als Einstellung des betreffenden Parameters cEH künftig denjenigen Wert zu verwenden, welcher in der Regression die bestmögliche Anpassung ergibt.

Endgültige Klarheit in dieser Frage werden weitere Experimente bringen. Es wird zu überprüfen sein, ob die solcherart modifizierten Einstellungen auch bei *anderen Rhythmen* und *anderen Einspielungen* eine verbesserte Anpassung per Regression ermöglichen. Weitere Versuche sind im Zusammenhang mit den geplanten Verbesserungen (siehe hierzu V.D) ohnehin erforderlich, um das Verfahren weiter ausreifen zu lassen.

Eine gewisse Vorläufigkeit muß auch bezüglich der Aussagen über die Anpassung des Modells an spezifische Hörergruppen bestehen bleiben, auch hier bedarf es einer weiteren experimentellen Datenerhebung. Aufgrund der bisherigen Resultate zeichnet sich diese Möglichkeit jedoch deutlich ab. Die bisherigen Resultate sind mit gewissen Vorbehalten zu sehen: Zumeist liegt keine statistische Signifikanz der Unterschiede zwischen jungen und älteren Experten sowie zwischen Musikern und Nichtmusikern bei den Schülern vor, zudem war das Beispielmaterial bei Experten und Schülern nicht vollständig identisch. Dennoch eignet den vorläufigen Ergebnissen eine gewisse psychologische Plausibilität (IV.F.5), so etwa, wenn bei den Schülern die *Änderungs*stärke wichtiger ist als bei den Experten. Zudem läßt sich bei den Ergebnissen eine gewisse Konsistenz beobachten: Wären die festgestellten Unterschiede zwischen Gruppen lediglich das Resultat zufälliger Schwankungen, so würden die Kurven in den Abbildungen 4.4 und 4.5 (Anhang F) wohl kaum einen so stetigen Verlauf – jeweils auf ein Maximum hin – zeigen, sondern es wäre ein gewisses „Zappeln" in den Linien zu erwarten. Diese beiden Punkte, die Plausibilität und Konsistenz der bisherigen Resultate, lassen den Ausbau des Verfahrens in Richtung einer Anpassung an Hörergruppen als aussichtsreich erscheinen. Hierin ist ein bedeutender Schritt zu sehen: Wird damit doch der Bereich eines rein an Mittelwerten orientierten Verfahrens verlassen und ein erster Schritt in Richtung der Berücksichtigung von *Individualität* im Erleben von Musik getan.

Zu beantworten bleibt die Frage nach der ungeklärten Restvarianz von 20 bis 30%. Die Ausführungen in den späteren Abschnitten V.D.2 und V.D.3 geben Hinweise, hinter welchen bislang unberücksichtigten Faktoren sich weitere Einflüsse auf die Bewertung verbergen könnten. Vermutlich gibt es aber auch Grenzen, welche einem Oszillationsmodell im Zusammenhang mit Rhythmus und folglich auch mit dem Bewerten von Einspielungen gesetzt sind (siehe hierzu auch Abschnitt F am Ende dieses Kapitels). Verwiesen sei darauf, daß sich bei der Auswertung der Ergebnisse in Kapitel IV die Existenz auch „nichtoszillatorischer" Performance-Qualitäten andeutete. Insbesondere die vergleichsweise schlechte Datenanpassung bei den Versionen von „Opus 4" ist ein

Indiz dafür, daß speziell zur Erfassung von Qualitäten der großformalen Gestaltung noch andere Mittel einzusetzen sein werden.

Die beiden Größen der Gesamtoszillationsstärke und Gesamtänderungsstärke, welche eine so weitgehende Anpassung an die Bewertungsdaten ermöglichen, diese beiden Größen musikpsychologisch oder musiktheoretisch zu interpretieren, erscheint zum gegenwärtigen Zeitpunkt verfrüht. Hierzu wäre eine gründliche Auswertung der sprachlichen Äußerungen zu den Versionen vorzunehmen und diese mit den jeweils erzielten Werten der Oszillations- und Änderungsstärke zu vergleichen. Eventuell müßten neue Versuchspersonen auch noch gezielter und differenzierter befragt werden (über die bislang erhobenen eindimensionalen Bewertungen hinaus).

Der Vergleich der beiden Fünfer-Versionen S1 und L1 legt nahe, hohe Änderungsstärken mit dem Eindruck von „interessant" in Verbindung zu bringen, niedrige hingegen mit „langweilig". (Man vergleiche hierzu die Expektogramme der Abbildungen 3.16 und 3.17 sowie die Aufnahmen Track 44 und 42.) Hier scheint sich die Verbindung der Änderungsstärke mit einem Aspekt abzuzeichnen, welcher im Zusammenhang mit ästhetischen Untersuchungen oft „Differenzierung" genannt wird, etwa bei Dahlhaus (1970). Im Zuge solcher Überlegungen ist man versucht, die andere Größe, die *Oszillationsstärke*, dann dem in solchen Zusammenhängen ebenfalls erscheinenden Aspekt der „Integration" zuzuordnen. Dies erscheint insofern plausibel, als man in Periodizität gewiß einen ordnungsstiftenden und einbindenden, also integrativen Faktor sehen kann und die Oszillationsstärke ein Maß für das Vorhandensein von Periodizität ist.

C. Vergleich mit den bisherigen Ansätzen

Zunächst ist festzustellen, daß das vorgestellte Verfahren keine der Einschränkungen aufweist, welche bei zahlreichen der bisherigen Modelle anzutreffen waren. Insbesondere

– werden *reale Performances* mit allen Feinheiten und Schwankungen verarbeitet und nicht nur einfache Dauernrelationen, wie sie etwa in Notentexten vorliegen.

– ist das Verfahren *Online-tauglich*, „arbeitet" sich also wie ein Hörer durch den Verlauf eines Musikstücks und liefert zu verschiedenen Zeiten unterschiedlichen Output.

– wird nicht nur das Timing, sondern auch die *Lautstärke* berücksichtigt.

Im übrigen wäre als charakteristisches Merkmal des vorliegenden Modells die *Vollständigkeit* zu nennen, mit der die Periodizitätsdetektion erfolgt. Für das gewählte Frequenzspektrum und im Rahmen der gewünschten Genauigkeit wird für jede nur denkbare Periodizität ein eigener, ganz spezifisch eingestellter Oszillator bereitgehalten. Diese Vollständigkeit erstreckt sich nicht nur auf die Frequenzen, sondern ebenso auf die unterschiedlichen Phasen. Dem Feld der 4080 Oszillatoren *kann nichts entgehen*. Hierin besteht ein Unterschied zu allen anderen der besprochenen Verfahren, welche entweder bezüglich der Frequenzen Einschränkungen unterworfen sind (dies ist immer der Fall, wenn keine realen Performances verarbeitet werden können) oder aber keine Informationen über die Phasen sammeln (Todd & Brown 1996 und Brown 1993) oder aber aufgrund der beschränkten Anzahl von Oszillatoren auf beiden Feldern nicht vollständig arbeiten können (Large 1994 und Toiviainen 1997). Keineswegs selbstverständlich ist auch, daß ein solches Modell bereits auf ein einmalig auftretendes Zeitintervall reagiert, nicht gegeben ist diese Eigenschaft etwa bei Brown (1993), Large (1994) oder Toiviainen (1997).

Die große Menge an Information, die durch das so „pedantisch gründliche Datensammeln" der 4080 Oszillatoren anfällt, bedarf natürlich einer geeigneten Aufbereitung und Zusammenfassung. Dies wird durch die beschriebenen Mechanismen der Kontrastverschärfung, Summation und Fokussierung geleistet. Auch in diesen Prozeduren ist ein charakteristischer Unterschied zu den anderen Verfahren zu sehen.

Als zentraler Punkt des Vergleichs mit anderen Modellen erscheint die Art der Visualisierung: Die Oszillogramme erlauben den weitgehend *vollständigen Überblick* über die aktivierten Oszillationen. Dieser Überblick schließt insbesondere die zeitliche Entwicklung ein. Eine solche Verbesserung der Visualisierung stellt nicht einfach „Kosmetik" dar, sondern ermöglicht überhaupt erst, das Verhalten des Modells in allen Facetten zu studieren und seine Plausibilität und Anwendbarkeit zu beurteilen.[10]

Trotz des hohen Informationsgehalts der Darstellung bleiben allerdings die Phasen noch unberücksichtigt, denn das Oszillogramm visualisiert Werte, in denen die Aktivierungen von allen 48 phasenverschiedenen Oszillatoren gleicher Frequenz *zusammengefaßt* sind. Man kann einem Oszillogramm also nicht ansehen, wie viele und welche der einzelnen Phasen besonders stark aktiviert sind. Hier geht Parncutt (1994, S. 416/417) einen Schritt weiter, denn er macht auch detaillierte Angaben darüber, welche Pulse gleicher Frequenz, aber unterschiedlicher Phase gleichzeitig existieren. Dies ist jedoch bei seinem Modell auch wesentlich einfacher zu bewerkstelligen: Da sein Verfahren keine realen Performances verarbeitet und nicht Online-tauglich ist, gilt es nur einmal, nämlich am Ende des Stückes eine sehr begrenzte Anzahl von Informationen darzustellen. Im hier vorgestellten Modell hingegen liegen jedoch zu jedem Zeitschritt die Aktivierungswerte von 4080 Oszillatoren vor, diese große Menge an Informationen erzwingt ein Zusammenfassen und eine Auswahl für die Darstellung.

---

[10] Auch Todd, O'Boyle & Lee (1999, S.17) greifen diese – bereits von Langner & Kopiez (1995, 1996) publizierte – Form der Darstellung auf.

Die Darstellung von nur schwächer aktivierten Oszillationen, so wie sie in den Oszillogrammen erfolgt, kann auch als notwendige Konsequenz aus der *erweiterten Fragestellung* dieser Studie gesehen werden. Diese zielt eben nicht nur auf die metrisch relevanten Periodizitäten, sondern fragt ganz allgemein nach regelmäßig wiederkehrenden Strukturen. Man könnte von einer gewissen „Unvoreingenommenheit" der Fragestellung sprechen, bei welcher nicht von vornherein nach „wichtigen" und „unwichtigen" Periodizitäten sortiert ist. Dieser erweiterte Ansatz stellt ebenfalls ein Charakteristikum der vorliegenden Arbeit dar. Gleichwohl konnte in Kapitel I gezeigt werden, daß sich inhaltlich verwandte Gedanken auch andernorts finden, so etwa bei Yeston (1976) oder Parncutt (1994).

Die Tauglichkeit des vorliegenden Modells zur Takterkennung ist bislang im Vergleich zu anderen Verfahren als eher gering einzustufen. Zwar ist es gelegentlich möglich, etwa einen Dreiertakt im Oszillogramm zu erkennen (Abbildung 3.7), jedoch ist das Muster der Oszillationen hierfür in den meisten Fällen zu komplex. Dies bedeutet jedoch *nicht*, daß die notwendigen Informationen aus dem Modell nicht zu gewinnen wären, man müßte aber hierzu die Aktivierungsstärken der Oszillatoren unter Berücksichtigung der *Phasen* auswerten (taktrelevant sind nur solche Frequenzen, bei welchen das Aktivierungsmaximum stets die gleiche Phase hat). Dies ist grundsätzlich möglich und soll im Zuge einer Weiterentwicklung auch geschehen. Denn eine möglichst weitgehende Vergleichbarkeit der Modelle und das Überprüfen mit den andernorts erhobenen Daten ist wünschenswert.

Allerdings bleibt auch darauf hinzuweisen, daß in vielen Fällen die Taktart eines Musikstücks für das Hören keineswegs so klar erscheint wie es der Blick auf die Noten suggeriert. Ambiguität, zumindest zwischen nahverwandten Taktarten (2er und 4er, 3er und 6er), ist weit verbreitet. Von daher wäre ein Modell, welches stets *die eine Lösung* liefert, als fragwürdig zu anzusehen.

Als letzter Gesichtspunkt des Vergleichs sei die umfangreiche Prüfung des vorliegenden Modells angeführt. Hierzu zählen die zahlreichen per Oszillogramm analysierten Rhythmen ebenso wie die 62 untersuchten Versionen des Bewertungsexperimentes. Auch wurde Fragen der Genauigkeit ein großes Gewicht eingeräumt, zum Beispiel: Was geschieht, wenn ein Schlagzeuger einen Ton genau zwischen zwei Oszillator-Fenstermitten setzt? Wie viele Oszillatoren mit welcher Verteilung benötigt man, damit das System auch solche Fälle korrekt verarbeitet und nicht etwa mit einer Minderaktivierung reagiert? Solche Feinabstimmungen gestalten sich zuweilen sehr aufwendig, sind aber für die Anwendbarkeit von großer Bedeutung. Inwieweit sich die Autoren anderer (reale Performances verarbeitende) Modelle mit solchen Problemen auseinandergesetzt haben, bleibt zumeist unklar (Ausnahme: Large 1994).

D. Verbesserungen und Erweiterungen

Die Diskussionspunkte dieses Abschnitts betreffen Aspekte verschiedener Art. Zunächst geht es unter den Punkten 1) bis 4) um Veränderungen des Modells, welche dazu führen sollen, die Stärkegrade der Oszillationen noch genauer den Gegebenheiten der musikalischen Wahrnehmung anzupassen. Unter 5) und 6) werden sodann Möglichkeiten beschrieben, die bei den Berechnungen anfallenden Daten noch in anderer Weise zusammenzufassen und für musikalisch sinnvolle Analysen aufzubereiten. Punkt 7) enthält das Konzept für einen Ausbau des Modells in den Tonhöhenbereich. Unter 8) wird die Möglichkeit skizziert, Anwendbarkeit und Praktikabilität des Verfahrens zu verbessern.

1. Parametereinstellungen und Modellvarianten

Die Zahl der Möglichkeiten, verschiedene Parametereinstellungen des Modells miteinander zu kombinieren, ist immens hoch. Bei den Versuchen, die Anpassung durch die Regression zu verbessern, wurden insgesamt 12 Größen systematisch verändert. Geht man für jeden dieser Parameter von 8 verschiedenen „vernünftigen" Einstellungsmöglichkeiten aus, so erhält man 8^{12}, also etwa 69 Milliarden Kombinationsmöglichkeiten. Nun zeigte sich bei der Regression, daß zahlreiche dieser Kombinationen zu sehr ähnlichen Anpassungs-Ergebnissen führen; ebenso ergab sich häufig eine große Ähnlichkeit zwischen den Oszillogrammen. Auch scheiden gewisse extreme Konstellationen (etwa wenn ein sehr starker Unterdrückungseffekt auf einen sehr weiten Bereich angewendet würde) von vornherein als absurd aus. Dennoch ist nicht ausgeschlossen, daß unter der großen Zahl der Einstellungsmöglichkeiten noch Konstellationen verborgen sind, welche eine Verbesserung des Modells bedeuten würden. Das Auffinden solcher Konstellationen ist infolge der komplizierten Wechselwirkungen zwischen den verschiedenen Effekten eine mühevolle Angelegenheit und kann lediglich durch möglichst „geschicktes" Ausprobieren erfolgen. Bei den Versuchen, die Anpassung per Regression zu optimieren, wurden ca. 600 verschiedene Einstellungskombinationen überprüft. Für jede dieser Kombinationen mußten jeweils die 62 bewerteten Einspielungen durchgerechnet werden, mithin waren insgesamt etwa 37.000 Oszillogramme und ebenso viele Expektogramme zu erstellen und auszuwerten. Gleichwohl ist die Zahl der überprüften Konstellationen mit 600 gegenüber der Milliardenzahl der Kombinationsmöglichkeiten immer noch relativ klein.

Darüber hinaus waren bei der Konstruktion des Modells einige Entscheidungen zu treffen, von denen man bislang mangels Überprüfung von Alternativen nicht mit Sicherheit sagen kann, daß sie die optimale Wahl bedeuten. Hierzu zählt unter anderem die Verwendung von gaußschen Glockenkurven in den Aktivierbarkeitsprofilen der Oszillatoren. (Als Alternative getestet und verworfen wurden hier lediglich Rechteckfenster, welche in manchen Situationen zu einem bruchartigen Verhalten des Systems führen.) Auch ob die Verwendung einer gaußschen Glokkenkurve als einhüllende Linie des Frequenzbereichs die optimale Lösung darstellt, wird noch genauer zu untersuchen sein; hier gibt es gewisse Indizien dafür, daß sie durch eine Überlagerung dreier solcher Kurven mit verschiedenen Zentren ersetzt werden sollte (Kopiez & Langner 1998).

Von Bedeutung für das Endergebnis ist zudem die Reihenfolge, in der verschiedene Verarbeitungsmechanismen auf die Aktivierungsstärken der Oszillatoren (gewissermaßen die „Basisdaten") wirken. Würde z.b. die Multiplikation mit den Werten der einhüllenden Funktion *vor* der 2. Kontrastverschärfung erfolgen, so ergäbe sich ein noch stärkeres Absenken der Oszillationsstärken an den Rändern des Frequenzbereichs als bei umgekehrter Reihenfolge. Sowohl die Wirkungen dieser Reihenfolgen als auch die der anderen oben erwähnten Entscheidungen befinden sich zudem wieder in Abhängigkeit von den Parametereinstellungen; die Zahl der insgesamt zu testenden Varianten ist mithin außerordentlich hoch. Bislang konnten solche Tests nur für Teilbereiche durchgeführt werden. Daß sich im Laufe der weiteren Anwendung des Verfahrens Anlässe für Modifizierungen des Modells ergeben, muß von daher als wahrscheinlich gelten.

2. „Omega-Effekt"

Wie bereits in Abschnitt A erwähnt, sollte im Zuge einer Verbesserung des Modells der besonderen Bedeutung der Zweierpotenzen bei den Frequenzverhältnissen Rechnung getragen werden. Dieses ist im Prinzip relativ einfach zu bewerkstelligen: Es genügt, auf der Ebene der Oszillationsstärken *nach* der 2. Kontrastverschärfung (wenn also die Datenmenge bereits drastisch reduziert wurde) eine gegenseitige Stimulierung von Frequenzen mit eben diesen Zahlenverhältnissen einzuführen. Zusätzlich kann an dieser Stelle noch eine gewisse schwächere Stimulation bei Frequenzverhältnissen unter Beteiligung des Faktors 3 (also bei 3, 6 und 12) vorgenommen werden, um der immer noch größeren Bedeutung solcher Verhältnisse gegenüber Relationen mit 5, 7 oder 9 Rechnung zu tragen. In einigen Versuchen hierzu zeigte sich, daß ein solcher Mechanismus im Prinzip einfach zu installieren ist. Die Feinabstimmung hingegen, also das genaue Festlegen, in welchem Maße bei welchem Verhältnis stimuliert werden soll, erwies sich jedoch als überaus schwierig. So war es zwar kein Problem, eine Einstellung zu finden, welche bei der einfachen Folge gleicher Viertelnoten (Abbildung 3.5) das gewünschte Ergebnis einer gestärkten Unterschwingung auf Ganznotenebene erbringt, jedoch zeigte sich dann stets bei komplizierteren Beispielen an irgendwelchen Stellen ein „Überborden" des Stimulationseffektes mit dem Resultat unplausibler Ergebnisse. Somit stellte sich die Notwendigkeit einer sehr feinen, sensiblen Einstellung dieses Effektes heraus. Auch hierbei existieren

Wechselwirkungen mit den Einstellungen der anderen Parameter, die Implementierung dieses Effektes bedarf daher noch weiterer, sorgfältiger Arbeit. Für die Berechnungen im Rahmen der vorliegenden Studie wurde daher auf diesen Mechanismus verzichtet.

Erwähnt sei in diesem Zusammenhang, daß das Phänomen der besonderen Bedeutung einfach ganzzahliger Verhältnisse im Bereich des Rhythmischen verschiedentlich in der Literatur erscheint. So wird dieser Punkt beispielsweise von Kurth (1931, S.314/315) ausführlich diskutiert, bei Epstein (1995) nimmt dieser Aspekt sogar eine zentrale Rolle ein. Auch in einigen der in I.C.2 besprochenen Modelle ist er berücksichtigt. Von besonderem Interesse ist in diesem Zusammenhang die Studie von Miller, Scarborough & Jones (1992). Bei deren Verfahren ergibt sich eine „Zweierpotenz-Bevorzugung" (von den Autoren unbeabsichtigt) aus einer ganz bestimmten Art von Wechselwirkung zwischen den Oszillatoren. Dieses Modell enthält mithin weitere Anregungen, wie ein solcher Effekt hervorgebracht werden könnte. (Erstaunlicherweise wird die Bedeutung dieses Mechanismus von den Autoren selbst nicht erkannt.)

Wünschenswert wäre es, für das beschriebene Phänomen der „Bevorzugung" von Zweierpotenzverhältnissen, aber auch von Relationen unter Beteiligung der Drei, einen einheitlichen, prägnanten Namen zu definieren. Im Rahmen der hier vorgestellten Arbeit wurde es unter der vorläufigen Bezeichnung „Omega-Effekt" geführt. (Die Wahl eines griechischen Buchstabens soll hier zunächst einmal die fundamentale Bedeutung dieser Wahrnehmungs-Gegebenheit vermitteln.)

Wie sich die Implementierung eines „Omega-Mechanismus" auf die Regression auswirken wird, bleibt abzuwarten. Für die bislang relativ schlechten Anpassungsergebnisse beim Rhythmus „Opus 4" gibt es eine vage Aussicht auf Verbesserung: Dieser Rhythmus besteht generell aus binären Einheiten, und die acht Takte der Komposition gruppieren sich zu 2×2×2. Man darf also vermuten, daß die gegenseitige Verstärkung von Oszillatoren im Frequenzabstand von Zweierpotenzen gerade bei diesem Rhythmus eine merkliche Wirkung erzielen würde.

3. „Punktiert/Lombardisch"

Aus Sicht der musikalischen Erfahrung besteht die Notwendigkeit einer weiteren Ergänzung des Modells. Beim punktierten Rhythmus beispielsweise existiert ab einem mittleren Tempo offensichtlich so etwas wie eine „treibende" Wirkung, beim lombardischen Rhythmus hingegen etwas „Bremsendes". Diese Beobachtung läßt sich noch verallgemeinern: Liegen zwischen zwei betonten Noten weitere Töne in der Nähe der *zweiten*, so ergibt sich ein „treibender" Effekt, liegen sie hingegen in der Nähe der *ersten*, resultiert eine Bremswirkung. Gemäß dieser Aussage sind dann auch „Bonanza" und „Bolero" den Rhythmen mit einer „treibenden" Wirkung zuzurechnen, „Marsch" hingegen denen mit einem „bremsenden" Effekt.

Für die Berücksichtigung dieses Phänomens wäre eine Auswirkung auf die Stärke der durchgehenden Oszillation notwendig: Beim „Bonanza" oder beim punktierten Rhythmus mit Dreisechzehntel plus Sechzehntel beispielsweise müßten die Oszillationen auf *Viertelnotenebene* zusätzlich stimuliert werden. (Abermals ließe sich hier die offensichtliche Tempoabhängigkeit des Phänomens erklären: Bei sehr langsamem Tempo ist die Viertelnotenoszillation nur noch schwach ausgeprägt (siehe Abbildung 3.4), und der Stimulationseffekt käme daher kaum mehr zur Geltung.)

Die Implementierung eines solchen Effektes ist grundsätzlich möglich: Die zusätzlich zu stimulierende oder zu dämpfende Frequenz deckt mit ihren 48 gegeneinander phasenverschobenen Oszillatoren auch den gesamten Bereich zwischen zwei Lautstärkeschwerpunkten ab, „empfängt" mithin auch die Signale der leiseren Töne dazwischen. Mit Hilfe eines geeigneten Algorithmus kann folglich die gewünschte zusätzliche Stimulierung bewerkstelligt werden. Dies läuft auf eine Modifikation der 1. Kontrastverschärfung hinaus, welche in der bisher angewendeten Version *symmetrisch* arbeitet: Denn die maximal aktivierte Phase erhält von ihren beiderseitigen schwächeren Nachbarn zusätzliche Stimulanz. Dies wäre nun dahingehend zu modifizieren, daß *vor* dem Maximum liegende Phasen einen verstärkenden, *hinter* dem Maximum liegende hingegen einen vermindernden Einfluß ausüben.

Wie schon beim „Omega-Effekt" erweist sich auch hier die Feineinstellung als die eigentliche Schwierigkeit. Die bisherigen Versuche erbrachten keine Modellvariante mit dem erforderlichen „Reifegrad", der Mechanismus kam daher im Rahmen dieser Arbeit nicht zur Anwendung.

Der „Omega-Effekt" und die „Punktiert/Lombardisch-Wirkung" sind zumindest in der europäischen Musik offensichtlich vorhandene Phänomene. Die Nichtberücksichtigung durch das Modell muß folglich zu gewissen Einbußen bei seiner Leistungsfähigkeit führen. Die Vermutung liegt nahe, daß ein Teil der unaufgeklärten Varianz des Bewertungsexperimentes hierauf zurückzuführen ist. Denn daß Musiker in ihren Performances auch von diesen Effekten gut oder weniger gut Gebrauch machen können, liegt auf der Hand. Vermögen oder Unvermögen hierbei kann aber durch das Modell in der bisherigen Form nicht erfaßt werden.

Daß dies tatsächlich eine Ursache für Abweichungen bei der Regression ist – hierfür gibt es konkrete Anhaltspunkte: Die schlechteste Annäherung durch die Regression (unter allen 62 Versionen) liegt bei der Bolero-Einspielung S3 (CD Track 35) vor. Diese wurde von den Experten um 1.0 und von den Schülern um 0.9 Zensurenstufen *besser* eingeschätzt als errechnet. Das Anhören dieser Performance – gerade auch im Vergleich zu den anderen Bolero-Versionen – offenbart eine stark „treibende" Wirkung; dies schlägt sich auch in den sprachlichen Äußerungen der Vpn nieder („kraftvoll, energisch, mit Drive"). Offensichtlich weist diese Version also gerade eine solche Qualität auf, welche durch das Modell derzeit noch nicht voll erfaßt werden kann. Die „Unterschätzung" dieser Performance durch das Verfahren ist von daher erklärlich.

Als weiteres Indiz mag gelten, daß sich unter den zehn am schlechtesten per Regression erklärten Bewertungen überproportional viele Rhythmen finden, in denen eine erhebliche Bedeutung der „Punktiert/Lombardisch-Wirkung" angenommen werden muß: dreimal der „Bolero", zweimal „Bonanza" und einmal „Marsch", mithin also 6 von 10 Beispielen, wohingegen lediglich 20 der insgesamt 62 Versionen aus diesen Rhythmen bestehen.

4. Vorerfahrung

Daß das Erleben und die Wahrnehmung von Musik durch die musikalische Vorerfahrung eines Menschen beeinflußt wird, erscheint unstrittig. Auf welche Weise jedoch wäre dieser Einfluß in das vorhandene Modell zu implementieren?

Hierbei handelt es sich um ein überaus schwieriges Problem, erscheint doch von vornherein völlig unklar, wie erstens überhaupt relevante Daten über die Vorerfahrung eines Menschen kodiert werden können, wie diese zweitens zu erheben wären und drittens, wie diese in ein Oszillationsmodell der vorgestellten Art integriert werden könnten. Gleichwohl sei im folgenden eine Skizze hierzu versucht:

Ausgangspunkt für eine Lösung wären *Oszillationsmuster*, also Konstellationen von Aktivierungen, wie sie in Oszillogrammen dargestellt werden. Als grundlegende Annahme könnte nun formuliert werden: Oszillationsmuster, welche im Leben eines Menschen bereits häufig aktiviert wurden, lassen sich (als Folge hiervon) leichter *erneut* aktivieren als fremde, unbekannte Muster. Dieses „leichter Aktivieren" bezieht sich sowohl auf den Stärkegrad (bekannte Muster erzeugen stärkere Oszillationen als unbekannte) als auch auf einen gewissen „Zurechthöreffekt" (eine zu einem bekannten Muster nur *ähnliche* Struktur wird in Richtung des Bekannten verändert).

Daß man mit einem solchen Mechanismus den Einfluß der Vorerfahrung zumindest teilweise integrieren kann, sei hier vermutet. Gleichwohl bleiben erhebliche Probleme zu lösen:

- Es wäre ein Algorithmus zu finden, welcher den notwendigen Vergleich der Oszillationsmuster durchführt. Dies setzt voraus:
- Es müßte ein „Gedächtnis" installiert werden, in welchem die bereits bekannten Muster zu speichern sind. Hierzu ist nötig:
- Es wäre ein Verfahren zu entwickeln, welches aus größeren Mengen von Musik häufig vorkommende Oszillationsmuster zu destillieren imstande ist. (Diese wären dann im „Gedächtnis" zu speichern.)

Die Schwierigkeiten einer solchen Entwicklung sollten nicht unterschätzt werden, gleichwohl enthält das skizzierte Konzept keine unrealistischen Komponenten. Somit zeigen diese Überlegungen, daß die Implementierung von musikalischer Vorerfahrung *grundsätzlich möglich* ist und das Modell vor solchen Problemen nicht kapitulieren muß, sondern im Gegenteil Wege weisen kann, diese zu lösen.

5. Weitere Größen und Darstellungsformen

Zwischen dem Informationsgehalt eines Oszillogramms und dem der Gesamtoszillationsstärke tut sich eine weite Spanne auf. Werden im ersten Fall hunderte von Oszillationswerten dargestellt, so besteht die Angabe im zweiten nur aus einer einzigen Zahl. Beides hat sich als nützlich erwiesen, jedoch muß es als wahrscheinlich gelten, daß zwischen diesen Extremen weitere Größen existieren, welche für eine musikalische Analyse sinnvoll sind. So wäre es möglich, die Werte eines Oszillogramms nach den Frequenzbereichen Oben/Mitte/Unten getrennt aufzusummieren, man erhielte dann also nicht nur *eine* Gesamtoszillationsstärke, sondern *drei* Zahlen für die drei Bereiche. Diese Größen würden zusätzliche Informationen über die Eigenheiten einer Performance bereitstellen, und sie könnten möglicherweise als Basis für verbesserte Regressionen verwendet werden. (Es gibt Hinweise darauf, daß der in IV.E.5 erwähnte „L1-Effekt" hier seine Erklärung finden könnte: Die Lehramtsstudentin L1 produziert überproportional starke Oszillationen im hohen Frequenzbereich).

Wie bereits erwähnt, werden in den Oszillogrammen keine Informationen über die Phasen wiedergegeben. Dies ist insofern unbefriedigend, als die Relevanz dieser Informationen momentan schwierig abzuschätzen ist. Sicher erscheint derzeit, daß sie das Erkennen der Taktstruktur wesentlich erleichtern würden (taktrelevant sind nur solche Oszillationen, bei denen sich die Phase nicht ändert).

Bezüglich der Phaseninformationen gilt es also, noch eine Verbesserung zu entwickeln. Diese Verbesserung wird ausschließlich in der *Darstellungs*form liegen, die Informationen selbst sind im Feld der 4080 Oszillatoren in allen Feinheiten vorhanden.

6. Oszillationsbänder

Ein Oszillationsmodell mit einer diskreten Verteilung fester Frequenzen funktioniert bei der Verarbeitung von musikalischen Temposchwankungen notwendigerweise unvollkommen: Die Schwankungen werden quasi durch ein „Hin- und Herschieben" des Aktivierungsmaximums zwischen benachbarten Oszillatoren dargestellt, so wie dies etwa in Abbildung 3.8 zu sehen ist. In der Wahrnehmung erscheint eine solche Temposchwankung, etwa ein Ritardando, jedoch offensichtlich nicht als treppenhafter Vorgang sondern wird als ein Prozeß von großer Einheitlichkeit aufgenommen. Bei der Betrachtung von Oszillogrammen hilft an vielen Stellen die offensichtlich ähnlich strukturierte visuelle Wahrnehmung, indem sie aus aneinandergesetzten rechteckigen Streifen sich scheinbar aufwärts oder abwärts windende Bänder formt. Dies funktioniert jedoch nur dann gut, wenn die Streifen noch direkt benachbart sind wie in Abbildung 3.8. Bei größeren Temposchwankungen hingegen, wie zum Beispiel auf der Sechzehntel-Ebene in 3.12, scheint der Zusammenhang für das Auge zu zerreißen, wo das Ohr noch zusammenzufassen vermag (CD Track 18).

Zu erwägen ist also die Installierung eines „String-Mechanismus", welcher diesen Vorgang einer Unifizierung zu Bändern als Bestandteil des Modells nachbildet. Hierbei könnte auch ein „Schleifen" der diskreten Stufen erfolgen, so daß als Resultat eine weiche Linie entstehen würde. Eine solcher Mechanismus bedeutete eine Optimierung der graphischen Darstellung und eine verbesserte Kongruenz mit den Vorgängen der Wahrnehmung.

Darüber hinaus gibt es jedoch weitere Anzeichen für die Bedeutung dieser Bänder oder „Strings": Bei der Entwicklung des Expektogramm-Algorithmus zeigte sich sehr schnell, daß beim „zurückschauenden Vergleich" (II.A.2) nicht allein die jeweilige Frequenz selbst zu berücksichtigen ist, sondern auch „nachgeschaut" werden muß, ob sich das Frequenzband nicht möglicherweise leicht verlagert hat. Täte man dies nicht, so würden Performances mit ungenauem Spiel sehr hohe Werte für die Gesamtänderungsstärke, mithin für so etwas wie ihre „Interessantheit" erzielen, was offensichtlich absurd wäre – und auch eine schlechtere Anpassung per Regression ergäbe. Dies bedeutet: Die Änderungsstärken werden am besten innerhalb eines „Strings" und nicht innerhalb einer Frequenz berechnet. Hiermit liegt ein weiteres Indiz für die Bedeutung dieser Einheiten vor.

Insgesamt gesehen würde die Implementierung eines String-Mechanismus den derzeit noch bestehenden Vorteil eines Oszillationsmodells mit variablen Frequenzen (Large 1994) aufheben und somit eine wichtige Lücke schließen.

7. Tonhöhe

Das Verfahren in seiner bisherigen Form verarbeitet keine Tonhöheninformation. Es wurde daher im Rahmen dieser Arbeit ausschließlich zur Analyse von solchen Rhythmen und Performances verwendet, bei denen die Tonhöhe weitgehend konstant bleibt. Inwieweit die Ergebnisse des Verfahrens jedoch noch als gute Abbilder des Wahrgenommenen gelten können, wenn als zusätzliche Variable die Tonhöhe hinzukommt, konnte bislang nicht überprüft werden.

Bereits das einfache Beispiel einer gleichmäßigen Folge von Viertelnoten, welche alternierend auf einer tief- und auf einer hochgestimmten Trommel gespielt werden, zeigt jedoch deutlich, daß die rhythmische Wirkung einer Tonfolge erheblich von der Tonhöhe beeinflußt werden kann. (Man stelle sich zum Vergleich dieselbe

Viertelnotenfolge allein von einem der beiden Instrumente gespielt vor.) Von daher ergibt sich die Notwendigkeit einer entsprechenden Weiterentwicklung des Modells. Diese kann bereits grob skizziert werden: Der Set der 4080 Oszillatoren ist zu vervielfachen, so daß jedem Tonhöhenbereich eine eigene Oszillatorengruppe zugeordnet werden kann, welche auf Ereignisse in diesem Bereich maximal anspricht, auf die aus Nachbarregionen hingegen nur in abgeschwächtem Maße. Wie viele solcher Gruppen oder Schichten zur Verarbeitung von Musik mit vollentwickelter Melodik und Harmonik erforderlich wären, ist derzeit nicht zuverlässig abzuschätzen. Für die Weiterentwicklung würde es zunächst sinnvoll sein, die Verhältnisse in überschaubaren Dimensionen zu halten und mit wenigen Gruppen (z.B. „hoch", „mittel" und „tief") zu arbeiten. Von entscheidender Bedeutung ist hierbei die Frage nach den Wechselwirkungen zwischen diesen Schichten. Bereits das oben beschriebene, einfache Beispiel zeigt: Es genügt nicht, einfach nur schichtweise voneinander getrennt Periodizitäten zu registrieren, dies würde einfach zu zwei Oszillationen auf Halbnotenebene führen, welche gegeneinander phasenverschoben sind, die eine im Bereich „tief", die andere im Bereich „hoch". Dieses trifft zwar einen Teil des Wahrgenommenen, wäre allein jedoch unvollständig. Denn offenbar besteht auch eine Wechselwirkung zwischen den Schichten, es scheint etwas zwischen „unten" und „oben" gleichsam „hin- und hergeschoben" zu werden. Dieses „Etwas" zu fassen und zu beschreiben wird die Hauptaufgabe bei einer Weiterentwicklung in den Tonhöhenbereich sein.

Das Sensibilitätsfeld der Oszillatoren, welches im bisherigen Modell ausschließlich den Lautstärkebereich enthält, wäre im Falle eines Ausbaus ebenfalls auf den Tonhöhenbereich zu erweitern. Denn offensichtlich ist bereits eine pure Tonhöhenänderung ohne jeden Lautstärkewechsel (wie sie etwa bei Streichern oder Sängern möglich ist) imstande, den Eindruck vom Beginn eines neuen Tones zu erwecken und somit für ein rhythmusrelevantes Ereignis zu sorgen.

Der geplante Ausbau des Modells per Vervielfachung der Oszillatoren-Sets erklärt den Plural in der Bezeichnung „Theorie oszillierender Systeme" (TOS), welche in den bisherigen Veröffentlichungen (siehe Abschnitt F) bereits mehrfach verwendet wurde. Dieser Name ist bestimmt, die vollständig ausgebaute Oszillationstheorie zu bezeichnen.

Im Zusammenhang einer Berücksichtigung der Tonhöhe sei noch auf eine Studie von Todd (1996) verwiesen, in welcher die Erprobung eines solchen Multischicht-Modells beschrieben wird. Die Studie versteht sich allerdings nicht als Beitrag zur Rhythmusforschung, sondern zielt auf die Erklärung eines psychoakustischen Phänomens (des sogenannten „Streaming"). Sie befaßt sich allerdings durchaus mit der Frage von Integration bzw. Desintegration von musikalischen Ereignissen, die sich in ihrer Tonhöhe unterschieden, und tangiert somit die oben skizzierte Fragestellung nach der Wechselwirkung zwischen den Tonhöhen-Schichten.

8. Die Echtzeit-Version

Es ist grundsätzlich möglich, eine Software zu entwickeln, welche das Verfahren auf dem PC in Echtzeit umsetzt. Als Inputgeber könnte hierbei ein beliebiges, mit der Soundkarte des Computers verbundenes Mikrophon dienen, alternativ hierzu wären auch MIDI-Signale zu verwenden. Das Programm würde dann während des Spiels eines Musikers sukzessive ein Oszillogramm oder Expektogramm auf dem Monitor aufbauen und nach Beendigung eines Musikstücks Werte wie etwa die Gesamtoszillationsstärke ausgeben. Dem Benutzer könnten verschiedene Einstellungsmöglichkeiten (z.B. des Frequenzspektrums oder anderer Modellparameter) angeboten werden, so daß ein flexibles „Werkzeug" zur Verfügung stünde. Kritische Größe ist momentan noch die Rechenzeit (das Verfahren benötigt in der gegenwärtigen Programmierung auf einem Pentium mit 200 MHz noch etwa die vierfache Dauer des Musikstücks), durch geeignete Optimierung der Software wäre hier jedoch bereits heute Abhilfe zu schaffen. Bei der zu erwartenden Rechengeschwindigkeit künftiger Computergenerationen wird dieses Problem ohnehin nicht mehr bestehen.[11]

E. Anwendung und Anwendungsperspektiven

1. Performance-Analyse

Als Anwendungsbereich des Verfahrens ist zunächst die Performance-Analyse zu nennen. Wie in den Abbildungen 3.12 bis 3.16 gezeigt werden konnte, werden Eigenheiten der jeweiligen Gestaltung in den Oszillogrammen und Expektogrammen unmittelbar visualisiert. Insbesondere gewinnt man einen Überblick über die Tempogestaltung: Die Schwankungen können anhand der Oszillationsbänder verfolgt werden, und zwar separat auf den Ebenen der verschiedenen Notenwerte. Die Tempogestaltung wird also in ihrer *Multidimensionalität* sichtbar. Als weiteres Charakteristikum zeigt sich, auf welche Notenwertebenen der Spieler seine Schwerpunkte gesetzt hat, die entsprechenden Oszillationsbänder treten besonders dunkel hervor. Die Expektogramme andererseits visualisieren insbesondere die Einförmigkeit oder den Abwechslungsreichtum der Gestaltung.

Hervorgehoben sei weiterhin, daß das Verfahren eine *integrierte Analyse* von Timing- *und* Lautstärkegestaltung durchführt: In die Oszillationsmuster und Stärkegrade gehen beide Aspekte auf untrennbare Weise ein. Dies erscheint einerseits dem Wahrnehmungsvorgang angemessen und ist andererseits als Fortschritt für die Performance-Analyse zu sehen, welche sich bislang zumeist auf die separate Betrachtung der Einzelaspekte beschränkte.

---

[11] Derzeit in Entwicklung befindet sich die Echtzeit-Version für die in Abschnitt F gezeigten Dynagramme.

Neben der bereits zum gegenwärtigen Zeitpunkt praktizierbaren wissenschaftlichen Anwendung dieses Analyseinstruments besteht die Perspektive eines Einsatzes im Instrumentalunterricht und im Rahmen von autodidaktischem Lernen. Als Voraussetzung hierfür ist allerdings die Realisierung der erwähnten Echtzeit-Version für den PC zu nennen, so daß der Musiker sofort und mühelos das Ergebnis besichtigen kann. Inwieweit die in den Oszillogrammen und Expektogrammen enthaltenen Informationen für den Musiker oder den Musiklehrer hilfreich (und nicht nur interessant) sind, wird zu überprüfen sein.

Neben dieser Darstellung von *Eigenschaften* einer Performance rückt nach den erfolgreich verlaufenen Regressionrechnungen die Voraussage einer *Bewertung* durch Hörer in erreichbare Nähe. Auf diese Weise gewänne der Musiker ein wirkliches Feedback-Instrument, welches zur Selbstkontrolle und Überprüfung von Fortschritten verwendet werden könnte. Ein solcher Einsatz des Verfahrens wird allerdings erst dann zu empfehlen sein, wenn noch wesentlich umfangreichere Überprüfungen das Modell bestätigt haben, und wenn es insbesondere gelungen ist, die bislang noch unerklärte Restvarianz von 20 bis 30% durch Verbesserungen des Verfahrens erheblich zu verkleinern. Dann allerdings erscheint diese Anwendung als eine attraktive Perspektive.

Die bisherigen Analysen und Untersuchungen wurden an *einstimmigen* Rhythmen mit *konstanter Tonhöhe* durchgeführt. Wie bereits in V.D.7 bemerkt, ist die Übertragbarkeit der Ergebnisse auf komplexere Zusammenhänge nicht selbstverständlich. Diesbezüglich wird zu untersuchen sein, inwieweit das Verfahren in seiner *bisherigen* Form taugt, die rhythmische Seite von Musik auch dann korrekt zu analysieren, wenn Melodik, Harmonik und Klangfarbe hinzutreten. Daß es hierfür Grenzen gibt, ist wahrscheinlich. Jenseits dieser Grenzen wird dann das Verfahren in seiner (unter V.D.7 skizzierten) ausgebauten Form zum Einsatz kommen müssen.

Auf die eine oder andere Weise eröffnet sich jedoch die Perspektive einer Anwendung auf beliebige Musik, unabhängig von Instrument und Tonerzeugung. Als Schwierigkeit ist hierbei lediglich die Onset-Detektion zu erwähnen, welche etwa bei Streichern oder Bläsern besteht – ein Problem, welches jedoch über kurz oder lang gelöst sein wird, da hier von Seiten der Musikindustrie intensiv geforscht wird (Ergebnisse dieser Forschung sind beispielsweise die „Voice-to-MIDI"-Konverter).

Die Tauglichkeit des Verfahrens für beliebige Instrumente wird insbesondere durch seine Sensibilität für Artikulationsunterschiede begründet. Da als Input nicht nur die Onsets, sondern der gesamte Lautstärkeverlauf verarbeitet wird, wirken sich auch alle Artikulationsfeinheiten, die sich im Lautstärkeverlauf zeigen (wie legato oder staccato), auf die Oszillationen aus. Ob das Modell auch diesbezüglich plausible Ergebnisse liefern wird, konnte bislang nicht systematisch überprüft werden. Erste Versuche erbrachten jedoch ermutigende

Resultate: Bei Staccato werden neben der Grundfrequenz stärker die höherfrequenten Oszillationen, also die Oberschwingungen angeregt, bei Legato hingegen mehr die niederfrequenten Oszillationen, also die Unterschwingungen. Dies korrespondiert gut mit der tendenziell schärferen, aktivierenden Wirkung von Staccato gegenüber der eher milderen, beruhigenden von Legato.[12]

Die Bedeutung der Artikulation für den rhythmischen Eindruck, insbesondere für den Bewegungseindruck, ist beträchtlich (siehe Bengtsson & Gabrielsson 1983, insbesondere die Beispiele auf der beigefügten Schallplatte). Die Sensibilität für diesen Aspekt sollte folglich zu den Forderungen gehören, welche an Analyseverfahren zu stellen sind. Hier gibt es in der Rhythmusforschung große Defizite.

2. Kompositions-Analyse oder: Beiträge zu einer Theorie des Rhythmus

Oszillogramme und Expektogramme enthüllen nicht nur Eigenheiten einer Performance, sondern auch Eigenschaften der kompositorischen Struktur eines Rhythmus. Die Abbildungen in Kapitel III enthalten hierfür zahlreiche Beispiele. Hingewiesen sei darauf, daß in diesen Grafiken nicht nur schon Bekanntes lediglich visualisiert wird, sondern auch neue oder sogar überraschende Dinge erscheinen, welche einen gewissen Erklärungswert besitzen. Hierzu ist etwa zu rechnen, daß die Tempoabhängigkeit in der Wirkung des punktierten Rhythmus aufgrund der Oszillationen verstanden werden kann (Abbildungen 3.3. und 3.4) oder daß der qualitative Unterschied von Dreier- und Vierertakt sichtbar wird. Hierin sind Beiträge zu einer Theorie des Rhythmus zu sehen.

Diese Beispiele stellen einen Anfang dar, vermutlich sind die Möglichkeiten damit bei weitem nicht ausgeschöpft. Insbesondere die Bedeutung der sogenannten „uneigentlichen" Periodizitäten bleibt zu klären. Daß sie bei der Erklärung der Bewertungen per Regression gute Dienste leisten (IV.F.4), ist Grund genug, sie auch in den Oszillogrammen „ernst zu nehmen". Zu fragen bleibt: Gibt es eine anschauliche Interpretation für diese Oszillationen, korrespondiert ihr Auftreten mit bestimmten musikalischen Wirkungen?

Wie in Kapitel I bereits ausgeführt, ist die rhythmische *Erwartung* als ein zentraler Aspekt von Rhythmus anzusehen. In welchem Maße das Oszillationsmodell dieses Phänomen zu erklären und vorauszusagen vermag, bleibt zu untersuchen.

In einfachen Fällen ergeben sich offensichtlich solche Erklärungen, erinnert sei an das Expektogramm des „Soccer" (Abbildung 3.11). Grundlegende Annahme

---

[12] Inzwischen konnte in einem Hörexperiment an der Musikhochschule Hannover (unternommen von Reinhard Kopiez und dem Verfasser) gezeigt werden, daß staccato gespielte Tonfolgen gegenüber legato gespielten als „schneller" empfunden werden – bei gleichem metronomischen Tempo. Dies entspricht den Voraussagen des Modells.

hierbei ist, daß eine aktivierte Oszillation die „Erwartung" auf Fortsetzung der zugehörigen Periodizität generiert.

Offensichtlich zeichnet sich das *Ausbleiben von erwarteten Ereignissen* durch Blaufärbung ab (diese steht für abnehmende Oszillationsstärke), und zwar zeitgleich auf mehreren Ebenen. Dies ist im „Soccer"-Beispiel ebenso zu sehen wie am Ende eines jeden Expektogramms.

Eine Rotfärbung hingegen tritt immer dann auf, wenn die Oszillationsstärke zunimmt, dies scheint mit dem *Eintreten von Unerwartetem* in Verbindung gebracht werden zu können (der Beginn eines Expektogramms ist stets von Rotfärbung dominiert). Diese Interpretationen werden in diversen weiteren Beispielen zu überprüfen sein. Generell erscheint die anhand der Expektogramme mögliche Differenzierung in „Ausbleiben von Erwartetem" und „Eintreten von Unerwartetem" als zwei Varianten des Phänomens „Überraschung" sinnvoll.

Ob die globalen Werte der Gesamtoszillationsstärke O und Gesamtänderungsstärke A auch relevante Aussagen über die kompositorische Struktur machen, kann derzeit nicht beurteilt werden. Dieser Punkt benötigt eine etwas eingehendere Betrachtung.

Zunächst wäre zu klären: Welche Gesamtoszillationsstärke soll denn einem bestimmten Rhythmus, beispielsweise dem „Bolero", zugewiesen werden? Der Bolero existiert in verschiedenen Ausführungen, und diese erzielen bekanntlich *unterschiedliche* Werte. Eine pragmatische Lösung hierfür besteht darin, den Durchschnitt über die Werte aller Versionen zu bilden und diesen für den *Rhythmus als Komposition* zu nehmen. (Dies entspräche dann der in Kapitel III.F.2 eingeführten Größe Om.) Auf die gleiche Weise wäre eine Änderungsstärke zu gewinnen (Größe Am).

Betrachtet man nun diese Durchschnittswerte (eine vollständige Übersicht befindet sich im Anhang A), so fällt beispielsweise auf, daß der „Bolero" mit Om = 7.58 und Am = 4.23 vergleichsweise „schlecht" abschneidet, der Rhythmus „Triolen" mit Om = 11.22 und Am = 5.18 hingegen einen Spitzenplatz im Feld der Rhythmen einnimmt. Dies erscheint unplausibel, wenn man ähnlich wie bei den Performances vorzugehen beabsichtigt und die Grössen O und A als relevant für die „Attraktivität" eines Rhythmus ansehen möchte.

An dieser Stelle kommt jedoch die Frage der Normierung entscheidend ins Spiel. Es ist bislang unklar, wie zwei Rhythmen unterschiedlicher Länge und völlig unterschiedlicher Notenwerte bezüglich ihrer Oszillationsstärken auf „faire" Weise miteinander verglichen werden können. Offensichtlich ist nur, daß das bisherige Normierungsverfahren (siehe hierzu II.B.2) alle Rhythmen mit sehr kurzen Notenwerten, also *dichten* Tonfolgen, „*benachteiligt*". Die Rhythmen „Bolero", „Bonanza" und „Marsch" erzielen daher die niedrigsten mittleren Oszillationsstärken.

Aus diesen Beobachtungen und Überlegungen folgt: Die Frage nach der Bedeutung der globalen Größen O und A für die *Rhythmen* kann erst beantwortet werden, wenn das Normierungsproblem gelöst ist.

3. Kognitionspsychologische Forschung

Diesem Aspekt möglicher Anwendungen wurde bislang nicht nachgegangen, im Verlauf der Arbeit deutete sich diese Perspektive jedoch mehrfach an. Ein Beispiel hierfür wurde bereits erwähnt: Das etwas *langsamere* Weiterklopfen von Versuchspersonen nach Abschalten eines isochronen Stimulus (siehe V.A) könnte mit Hilfe des Oszillationsmodells erklärt werden.

Zu erwähnen sind weiterhin die Ergebnisse von Drake & Botte (1993, S. 279/280), die herausfanden, daß die Fähigkeit zur Wahrnehmung von Tempounterschieden von der Anzahl der im jeweiligen Tempo dargebotenen Schläge abhängt, daß sich diese Fähigkeit jedoch nach dem vierten Schlag nicht mehr signifikant verbessert. Im vorliegenden Oszillationsmodell ergibt sich, daß die Oszillationsstärke bei einer isochronen Folge zwar *bis zum vierten* Schlag ansteigt, *danach* jedoch beinahe konstant bleibt (siehe Abbildung 3.5). Nimmt man nun an, daß sich die Wahrnehmung zur Tempoerkennung solcher Oszillatoren bedient, so wäre mit dem Oszillationsmodell eine Erklärung dieser Ergebnisse von Drake & Botte möglich. Auch die Verschlechterung der Tempounterscheidungsfähigkeit an den Rändern des Frequenzbereichs, welche Drake & Botte fanden, wäre mit dem Oszillationsmodell konsistent. Man siehe hierzu deren Abbildung auf Seite 279: Dort findet sich quasi eine Umkehrung der „einhüllenden" Kurve.

Inwieweit das unter V.D.4 skizzierte Konzept zu einer Einbeziehung der musikalischen Vorerfahrung mit dem Stand der Gedächtnisforschung übereinstimmt und/oder einen nützlichen gegenseitigen Gedankenaustausch initiieren könnte, wurde bislang nicht eruiert. Das Speichern von Oszillationsmustern, so wie es oben vorgeschlagen wird, bedeutet jedenfalls ein relativ ökonomisches Speichern von *zeitlichen Abläufen*. Es wäre zu prüfen, inwieweit mit Hilfe des Oszillationsmodells Beiträge zur Erklärung von Gedächtnisleistungen bezüglich zeitlicher Abläufe möglich sind.

4. Anpassung an Personengruppen

Auf welche Art eine spezielle Anpassung des Modells an Personengruppen erfolgen kann, war in Kapitel IV gezeigt worden: Zum einen durch die Einstellung der Parameter, zum anderen durch die Wahl der Regressionskoeffizienten. Letzteres betrifft ausschließlich die Voraussage von Bewertungen, ersteres jedoch auch das Aussehen der Oszillogramme. Grundlage der Modifizierungen waren in beiden Fällen die Ergebnisse der Regression.

Als wichtiger Punkt ist an dieser Stelle hervorzuheben, daß diese Anpassungen *grundsätzlich möglich* sind. Es darf vermutet werden, daß sie auch noch bezüglich ganz anderer Gruppierungsmerkmale als den hier berücksichtigten durchgeführt werden können (z.B. nach musikalischen Vorlieben oder charakterlichen Merkmalen). Denkbar ist gleichfalls, auch situationsabhängige Unterschiede (beispielsweise ausgeruht/müde oder entspannt/angespannt) zu integrieren. Diese Differenzierung läßt sich bis hin zu den Unterschieden zwischen Einzelpersonen vorantreiben (speziell für die 24 Experten-Vpn ist dies auch geplant). Voraussetzung ist jeweils, daß man die entsprechenden Daten in erforderlichem Umfang erhoben hat, so daß die Unterschiede im Verhalten hinreichend deutlich (signifikant) hervortreten.

Das Entscheidende hierbei ist die *Flexibilität* des Verfahrens, welche solche Anpassungen erlaubt. Dem möglichen generellen Einwand gegenüber einem Modell dieser Art, der da lauten könnte, daß musikalisches Erleben generell zu stark von persönlichen und situativen Faktoren abhängig ist, als daß sinnvolles Modellieren in diesem Bereich möglich wäre (Gembris 1999), ist hiermit zu begegnen.

5. Außereuropäische Musik

Der Blick über die Grenzen des europäischen Kulturkreises bezüglich des vorgestellten Verfahrens ist in zweifacher Hinsicht reizvoll: Zum einen stellt sich die Frage, zu welchen Oszillogramm-Bildern und Oszillationsstärken die Rhythmen und Performances aus anderen Musikkulturen führen. Lassen sich charakteristische Unterschiede ausmachen? Zum anderen wäre zu klären, inwieweit die Mechanismen des Modells gute Näherungen für die Wahrnehmungsvorgänge auch bei solchen Menschen sind, deren musikalische Erfahrungen nicht von europäischer Musik geprägt sind. Könnte das Modell gegebenenfalls angepaßt werden?

Die Bearbeitung beider Aspekte ist geplant und hat teilweise bereits begonnen. Ein erster Bericht hierzu findet sich in Kopiez, Langner & Steinhagen (1999). Im Rahmen dieser Studie wurde eine Auswahl der hier von Europäern beurteilten Versionen 12 *afrikanischen Meistertrommlern* zur Bewertung vorgespielt. Die Ergebnisse hierbei lassen sich wie folgt zusammenfassen:

- Bei den vorgespielten Rhythmen muß zwischen den für die Afrikaner relativ vertrauten und den für sie völlig unvertrauten Rhythmen unterschieden werden. Vertraut sind „Bonanza", „Marsch" und „Soccer", unvertraut hingegen „Bolero", „Siebener" und „Opus 3".

- Bei den unvertrauten Rhythmen ist die Streuung um die Durchschnittszensuren sehr hoch, und die Unterschiede sind zumeist nicht signifikant. (Die Beurteiler sind sich also extrem uneinig.) Die Ähnlichkeit zu den europäischen

Durchschnittsbewertungen ist gering und nicht signifikant (Korrelation: r(7) = 0.24, p = 0.53).

- Bei den vertrauten Rhythmen ist die Streuung geringer, und die Mittelwertunterschiede sind überwiegend signifikant. Die Ähnlichkeit zu den europäischen Durchschnittsbewertungen ist hoch und hochsignifikant (Korrelation: r(7) = 0.85, p = 0.005).

Eine ausführliche Interpretation dieser Ergebnisse soll an dieser Stelle nicht vorgenommen werden. Hingewiesen sei jedoch darauf, daß die große Übereinstimmung zwischen Afrikanern und Europäern bei den vertrauten Rhythmen ein Indiz für gemeinsame Wahrnehmungsmechanismen darstellt.

Außerdem ist eine Konsistenz dieser Resultate mit den Annahmen zur Implementierung musikalischer Vorerfahrung in V.D.4 festzustellen: Unvertraute Rhythmen lösen diesen Annahmen zufolge generell nur schwächere Oszillationen aus, demzufolge fehlt den afrikanischen Vpn bei diesen Rhythmen eine stabile Grundlage der Bewertung, sie sind sich folglich extrem uneinig. (Es kann bislang nicht gesagt werden, die afrikanischen Ergebnisse würden dies *beweisen*, sondern lediglich, daß sich die Annahmen in V.D.4 bezüglich der musikalischen Vorerfahrung mit den bisherigen Beobachtungen widerspruchsfrei fügen.)

6. Grenzen

Die Ergebnisse des Bewertungsexperimentes ergaben Indizien für „nichtoszillatorische" Qualitäten von Performances gerade bei den nichtostinaten Rhythmen „Opus 3" und „Opus 4" (siehe IV.F.5). Weitere Hinweise in diese Richtung werden im Zusammenhang mit der Analyse von Klavierinterpretationen im nachfolgenden Abschnitt F dieses Kapitels noch besprochen werden. Es handelt sich hier vermutlich um Angelegenheiten der weiträumigen Gestaltung, bei denen die Grenzen eines Oszillationsmodells erreicht sind und andere Analyseverfahren geeigneter erscheinen.

Ein anderer Punkt betrifft ein zentrales rhythmisches Phänomen: die Synkope. Das Verfahren reagiert hier auf den ersten Blick durchaus plausibel: So wird die „Überraschung", welche mit ihrem Auftreten verbunden ist, in den Expektogrammen visualisiert (wie beim „Soccer" in Abbildung 3.11 gezeigt), auch führen Synkopen generell zu komplexeren Oszillationsmustern und höheren Änderungsstärken. Beides erscheint sinnvoll – und dennoch spiegelt sich nirgendwo das Empfinden von Spannung und Lösung, welches im Zusammenhang mit Synkopen zumeist so deutlich auftritt. An dieser Stelle wird die Spannweite des im Vorwort erwähnten Bewegungsaspekts im Erleben von Musik deutlich, welcher offensichtlich nicht auf *Oszillations*bewegungen beschränkt ist und daher auch von einem Oszillationsmodell nicht vollständig erfaßt werden kann. Diese Beobachtungen korrespondieren mit Überlegungen von Todd (1995, S. 1948), der von den zwei Bewegungstypen in der Musik spricht: der oszillatorischen und der gestischen Bewegung.

F. Zusammenhang mit eigenen, früheren Studien und Ausblick

Vorläufer des hier vorgestellten Oszillationsmodells kamen bereits im Rahmen dreier früherer Studien zur Anwendung. Gemeinsamkeiten und Unterschiede seien hier zunächst kurz dargestellt.

Der Arbeit von Langner, Kopiez & Feiten (1998) lag eine bereits relativ fortgeschrittene Version zugrunde, lediglich der Fokussierungs-Mechanismus war noch nicht implementiert, die Oszillationsbänder sind dort folglich noch viel breiter. Zudem waren einige der Modellparameter gegenüber den heutigen Werten etwas anders eingestellt. (Das Auffinden der jetzt verwendeten Einstellungen ergab sich in einem langjährigen Entwicklungsprozeß bei der Analyse immer neuer Beispiele.)

Den beiden älteren Studien (Langner & Kopiez 1995, 1996) liegt ein etwas andersartiger Algorithmus zugrunde, welcher enger an die Fourier-Transformation angelehnt ist. Ein der ersten Kontrastverschärfung vergleichbarer Mechanismus konnte dabei nicht implementiert werden, daher mangelt es den Oszillogrammen dort in einigen Bereichen an Schärfe. Das Decay bei diesen frühen Analysen wurde für eine Berechnung stets konstant gehalten und variierte nicht wie heute proportional mit der Frequenz. Dies führte zu der Eigenschaft, daß die optimale „Sehschärfe" des Oszillogramms in Abhängigkeit von diesem Decaywert immer nur einen bestimmten Bereich umfaßte. Daher finden sich in diesen Veröffentlichungen „mittelfrequent eingestellte" oder „auf den unteren Frequenzbereich fokussierte" Oszillogramme. An dieser Decay-Fixierung wurde anfangs festgehalten, da sie aus damaliger Sicht für das Simulieren von Gedächtnisleistungen und zur Erklärung psychoakustischer Erscheinungen per Oszillationsmodell Vorteile bot.

Ein weiterer Unterschied betrifft die Ausdehnung des Frequenzbereichs: Die Untergrenze lag bei den frühen Studien bei 0.002 Hz, dies entspricht einer Periode von über 8 *Minuten*. Dem steht eine maximale Periode von nur 8 *Sekunden* bei den Berechnungen im Rahmen der vorliegenden Arbeit gegenüber. Die damalige Wahl eines so weiten Frequenzbereichs entsprach zum einen der Länge der untersuchten Stücke (eine Oszillation mit einer Periode von 4 Minuten beispielsweise kann überhaupt erst dann stimuliert werden, wenn das Musikstück mindestens 4 Minuten lang ist). Es zeigte sich zum anderen aber auch der analytische Nutzen dieses weiten Bereichs: Die Aktivierung von solch extrem niederfrequenten Oszillationen korrespondierte in den seinerzeit untersuchten Musikstücken (u.a. verschiedene Einspielungen von Saties „Gymnopedie No. 1" und

Schumanns „Träumerei") offensichtlich mit dem Vorhandensein einer weiträumigen Tempo- und Lautstärkegestaltung und konnte als Indikator für eine gewisse Performance-Qualität angesehen werden. Denn es hatte sich insbesondere gezeigt, daß die Interpretationen professioneller Pianisten stärkere niederfrequente Oszillationen aktivieren als die von Laien oder Computern.

In der Zwischenzeit ergab sich jedoch im Rahmen des Gesamtprojektes noch eine andere Möglichkeit, das Vorhandensein solch weiträumiger Gestaltung zu visualisieren (Langner 1997). Hierbei wird als Ausgangspunkt ebenfalls die Lautstärkekurve genommen, jedoch durch verschieden starke Glättungen dieser Kurve eine nach verschiedenen Zeitperspektiven aufgeschlüsselte Analyse allein der *Lautstärkegestaltung* durchgeführt. Je stärker die Glättung hierbei vorgenommen wird, desto weiter ist die zeitliche Perspektive der Analyse. Das Ergebnis wird in Grafiken visualisiert, sogenannten „Dynagrammen", welche einige Ähnlichkeiten mit den Oszillogrammen besitzen: Ebenfalls wird die *Zeit* auf der horizontalen Achse dargestellt, jedoch tritt auf der vertikalen Achse die *Zeitperspektive* an die Stelle der Frequenz. Im Dynagramm steht die Farbe *Rot* für zunehmende, die Farbe *Grün* für abnehmende Lautstärke. Wie in den Oszillogrammen wird auch hier die Farbintensität als Informationsträger genutzt: Blasses Rot etwa bezeichnet ein nur leichtes Crescendo, intensives Rot hingegen einen starken Lautstärkeanstieg. Die Abbildungen 5.1 und 5.2 enthalten die Dynagramme zweier Einspielungen von Saties „Gymnopedie No. 1". (Diese Abbildungen befinden sich im Anhang F am Ende des Bandes.)

Auffällig beim Vergleich der beiden Dynagramme erscheint zunächst die insgesamt intensivere Lautstärkegestaltung des professionellen Pianisten. Bemerkenswert ist jedoch insbesondere die größere Intensität im Bereich der *größeren* Zeitperspektiven, denn hier zeigt sich eine Korrespondenz der Lautstärkegestaltung mit der formalen Struktur. Die Komposition ist nämlich aus zwei identischen Hälften zusammengesetzt, die ihrerseits wieder aus zwei *beinahe* gleich grossen Teilen bestehen. (Um diese Formabschnitte darzustellen, ist in der oberen horizontalen Leiste eines Dynagramms jeweils der Beginn eines Formteils markiert. Hierbei sind die Anfänge der Hälften schwarz, die weniger starken formalen Einschnitte hingegen nur grau gefärbt.) Offensichtlich ist der professionelle Pianist in der Lage, die Struktur der Komposition in seiner Lautstärkegestaltung deutlich nachzuzeichnen, dem Laien hingegen gelingt dies nur ansatzweise.

Besonders deutlich wird dies, wenn man die entsprechenden Ausschnitte der beiden Dynagramme betrachtet, welche in den Abbildungen 5.3 und 5.4 (Anhang F) zu sehen sind: Jeder Formteil wird hier von einem Rot-Grün-Paar (Crescendo-Decrescendo-Paar) überdeckt, im jeweils oberen Band entspricht dies der Gliederung in vier Teile, im unteren der großformalen Strukturierung in zwei Hälften. Das Nachzeichnen dieser Struktur durch die Lautstärkegestaltung gerät beim Laien deutlich blasser als beim professionellen Pianisten.

Berechnet man von denselben beiden Interpretationen *Oszillogramme*, so spiegelt sich der beschriebene Unterschied zwischen den beiden Interpretationen in der starken (beim Profi) oder nur schwachen (beim Laien) Ausprägung von sehr *niederfrequenten* Oszillationen, welche in ihren Perioden der zeitlichen Ausdehnung ungefähr den erwähnten Formabschnitten entsprechen (Langner & Kopiez 1996).

Dynagramme erscheinen gegenüber den Oszillogrammen zum Aufspüren von weiträumiger Gestaltung insofern geeigneter, als sie auch dann funktionieren, wenn die weiträumigen Abschnitte von sehr ungleicher Länge sind, also *keine Periodizitäten* bilden. Dies dürfte gerade bei ausgedehnteren Kompositionen die Regel sein, gleich lange Formteile hingegen die Ausnahme. Daß bei der Gymnopedie auch die Oszillogramme bezüglich der großräumigen Struktur erfolgreich arbeiten, liegt an der besonders gleichmäßigen Form dieser Komposition, in gewissem Sinne also an einem „Glücksfall" von Symmetrie, welche zur Aktivierung der Oszillationen führte.

Mit den Dynagrammen ist der Bereich des Rhythmus verlassen und ein Beispiel für ein anderes Analyseverfahren gegeben, welches im Rahmen des gesamten Vorhabens entwickelt wurde. Eine Übersicht über die bisherigen Entwicklungen gibt Abbildung 5.5.

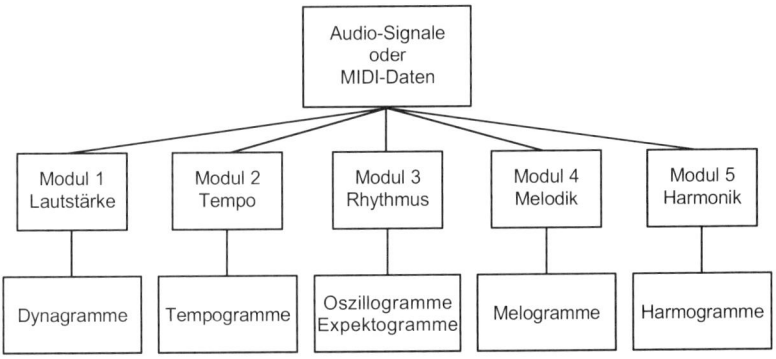

Abb. 5.5: Übersicht über die bisher entwickelten oder in Entwicklung befindlichen Analyseverfahren.

Eine fundamentale Gemeinsamkeit dieser Verfahren ist die Aufschlüsselung nach den verschiedenen Zeitperspektiven und die vollständige Darstellung der Ergebnisse in Farbgrafiken. Weitere Informationen zu den Dynagrammen und Tempogrammen finden sich bei Langner (1997), zu den Harmogrammen bei Langner (im Druck).

Die Übersicht in Abbildung 5.5 ist in zweierlei Hinsicht unvollständig. Zum einen kann eine Analyse von Musik, die auf für das Hören relevante Eigenschaften zielt, nicht nur von dem „musikalischen Material" ausgehen, wie es in Audiosignalen oder MIDI-Daten vorliegt. Sondern zugleich müssen Informationen über die Menschen, welche diese Musik hören, einbezogen werden. In der Grafik wäre also neben das vorhandene Ausgangsfeld („Audiosignale oder MIDI-Daten") ein entsprechendes zweites zu setzen und dies mit den fünf Modulfeldern zu verbinden. Daß eine solche Einbeziehung grundsätzlich möglich ist und wie sie konkret aussehen kann, ist im Rahmen dieser Arbeit gezeigt und diskutiert worden (IV.F.4 und IV.F.5 sowie V.E.4).

Zum anderen bedeutet die Analyse von Musik in fünf getrennten Modulen eine analytische Aufspaltung in Teilbereiche, die dem ganzheitlichen Erleben von Musik nicht entspricht. Diese quasi „spektrale" Aufspaltung ist zunächst notwendig, um angesichts der Komplexität des Forschungsgegenstandes überhaupt erste Schritte tun zu können. Sie bedarf jedoch der Ergänzung durch ein Wiederzusammenfügen der Einzelaspekte. Die Grafik wäre also auch nach unten hin durch ein Wiederverbinden der fünf Bereiche zu vervollständigen. Der fundamentale Gesichtspunkt, unter dem eine solche Verbindung gelingen kann, wird sich – so sei hier vermutet – im Zusammenhang mit den bereits mehrfach erwähnten *Bewegungsempfindungen* ergeben. Hierin liegt ein Grund für die zentrale Bedeutung, welche diesem Phänomen – wie bereits im Vorwort ausgeführt – im Rahmen des gesamten Vorhabens zukommt.

Literaturverzeichnis

Behne, K.E. & Wetekam, B. (1994). Musikpsychologische Interpretationsforschung: Individualität und Intention. In K.E. Behne, G. Kleinen & H. de la Motte-Haber (Hrsg.), *Jahrbuch der Deutschen Gesellschaft für Musikpsychologie 1993* (Bd. 10, S. 24-37). Wilhemshaven: Noetzel.

Bengtsson, I. (1975). Empirische Rhythmusforschung in Uppsala. *Hamburger Jahrbuch für Musikwissenschaft. 1*, 195-219.

Bengtsson, I., & Gabrielsson, A. (1980). Methods of analyzing performance of musical rhythm. *Scandinavian Journal of Psychology, 21*, 257-268.

Bengtsson, I. & Gabrielsson, A. (1983). Analysis and synthesis of musical rhythm. In J. Sundberg (Hrsg.), *Studies of Music Performance (Publications issued by the Royal Swedish Academy of Music, No. 39)*. Stockholm:.

Bolton, T.L. (1894). Rhythm. *American Journal of Psychology, 6* (2), 145-238.

Box, G.E.P. & Jenkins, G.M. (1976). *Time series analysis: Forecasting and control* (rev. Aufl.). San Francisco etc.: Holden-Day.

Brown, J.C. (1993). Determination of the meter of musical scores by autocorrelation. *Journal of the Acoustical Society of America, 94* (4), 1953-1957.

Dahlhaus, C. (1970). Analyse und Werturteil. In S. Abel-Struth (Hrsg.), *Musikpädagogik. Forschung und Lehre*. Mainz: Schott's Söhne.

Desain, P. (1992). A (de)composable theory of rhythm perception. *Music Perception, 9* (4), 439-454.

Drake, C. & Botte, M. (1993). Tempo sensitivity in auditory sequences: Evidence for a multiple-look model. *Perception and Psychophysics, 54*, 277-286.

Dudel, J., Menzel, R., & Schmidt, R.F. (Hrsg.). (1996). *Neurowissenschaft*. Berlin etc.: Springer.

Elliot, C. A. (1986). Rhythmic phenomena – Why the fascination ? In J.R. Evans & M. Clynes (Hrsg.), *Rhythm in psychological, linguistic and musical processes*. Springfield, Illinois: Ch. C. Thomas.

Epstein, D. (1995). *Shaping Time. Music, the Brain, and Performance*. New York: Schirmer.

Fraisse, P. (1978). Time and rhythm perception. In E.C. Carterette & M.P. Friedman (Hrsg.), *Handbook of perception, Vol. VIII*. New York etc.: Academic Press.

Fraisse, P. (1982). Rhythm and tempo. In D. Deutsch (Hrsg.), *The psychology of music*. New York: Academic Press.

Friberg, A. & Sundberg, J. (1995). Time discrimination in a monotonic, isochronous sequence. In A. Friberg (Hrsg.), *A quantitative rule system for musical expression (Dissertation, Royal Institute of Technology Stockholm)*.

Gabrielsson, A. (1974). Performance of rhythm patterns. *Scandinavian Journal of Psychology, 15*, 63-74.

Gabrielsson, A. (1987). Once again: The theme from Mozart's piano sonata in a major (K.331). In A. Gabrielsson (Hrsg.), *Action and perception in rhythm and meter (Publications issued by the Royal Swedish Academy of Music, No. 55)*. Stockholm.

Gembris, H. (1999). 100 Jahre musikalische Rezeptionsforschung. Ein Rückblick in die Zukunft. In K.E. Behne, G. Kleinen & H. de la Motte-Haber (Hrsg.), *Jahrbuch der Deutschen Gesellschaft für Musikpsychologie* (Bd. 14, S. 24-41). Göttingen etc.: Hogrefe.

Gjerdingen, R. O. (1989). Meter as a mode of attending: A network simulation of attentional rhythmicity in music. *Intégral*, 3, 67-92.

Gjerdingen, R. O. (1992). Revisting Meyer's „Grammatical simplicity and relational richnes". In M. R. Jones & S. Holleran (Hrsg.), *Cognitive bases of musical communication*. Washington: American Psychological Association.

Gjerdingen, R. O. (1993). „Smooth" rhythms as probes of entrainment. *Music Perception*, 10 (4), 503-508.

Gjerdingen, R. O. (1994). Apparent motion in music? *Music Perception*, 11 (4), 335-370.

Goldstein, E.B. (1999). *Sensation & Perception*. In (Hrsg.), Pacific Grove etc.: Brooks/Cole.

Hellbrück, J. (1993). *Hören. Physiologie, Psychologie und Pathologie*. Göttingen etc.: Hogrefe.

Howell, P. (1988). Prediction of p-center location from the distribution of energy in the amplitude envelope. *Perception & Psychophysics*, 43, 90-93.

Howell, P. & Scott, S. (1992). Alternative theoretical perspectives for explaining the basis of perceptually isochronus rhythms. In C. Auxiette, C. Drake & C. Gerard (Hrsg.), *Proceedings of the Fourth Rhythm Workshop: Rhythm Perception and Production, 8.-12. June*. Bourges, France.

Jones, M.R. (1992). Attending to musical events. In M.R. Jones & S. Holleran (Hrsg.), *Cognitive bases of musical communication*. Washington: American Psychological Association.

Jones, M.R. & Boltz, M. (1989). Dynamic Attendending and Responses to Time. *Psychological Review*, 96 (3), 459-491.

Jones, M.R. & Yee, W. (1993). Attending to auditory events: The role of temporal organization. In S. McAdams & E. Bigand (Hrsg.), *Thinking in sound: The cognitive psychology of human audition*. Oxford: Clarendon Press.

Kopiez, R. (1997). Experimentelle Untersuchungen zur Wahrnehmung musikalischer Interpretationsunterschiede. *Habilitationsschrift*. Technische Universität Berlin.

Kopiez, R. & Langner, J. (1998). The irresistable force of rhythm: Evidence for multiple oscillation maxima in the „spontaneous" generation of tempo and reactions to trigger-impulses. In Suk Won Yi (Hrsg.), *Proceedings of the 5th International Conference on Music Perception and Cognition, Seoul, August 26-30* (S. 91-94).

Kopiez, R., Langner, J. & Steinhagen, P. (1999). Afrikanische Trommler (Ghana) bewerten und spielen europäische Rhythmen. *Musicae Scientiae, 3* (2), 139-160.

Kosfelder, M. (1992). Wahrnehmbarkeitsgrenzen von Verzögerungen musikalischer Klänge. *Bericht der 17. Tonmeistertagung, Karlsruhe.*

Kurth, E. (1931). *Musikpsychologie.* Berlin. Reprint Hildesheim 1992.

Langner, J. (1997). Multidimensional dynamic shaping. In A. Gabrielsson (Hrsg.), *Proceedings of the Third Triennal ESCOM Conference, Uppsala, Sweden, 7-12 June* (S. 713-719).

Langner, J. (im Druck). Das Neue in der populären Musik des 20. Jahrhunderts. In C. Bullerjan & H.J. Erwe (Hrsg.), *Das Populäre in der Musik des 20. Jahrhunderts – Wesen und Erscheinungsformen.* Hildesheim: Olms.

Langner, J. & Kopiez, R. (1995). Oscillations triggered by Schumann's „Traeumerei": Towards a new method of performance analysis based on a „theory of oscillating systems" (TOS). In A. Friberg & J. Sundberg (Hrsg.), *Proceedings of the KTH Symposium on generative Grammars for Music Performance* (S. 45-58). Stockholm, May 27.

Langner, J. & Kopiez, R. (1996). Entwurf einer neuen Methode der Performanceanalyse auf Grundlage einer Theorie oszillierender Systeme (TOS). In K.E. Behne, G. Kleinen & H. de la Motte-Haber (Hrsg.), *Jahrbuch der Deutschen Gesellschaft für Musikpsychologie 1995* (Bd. 12, S. 9-27). Wilhelmshaven: Noetzel.

Langner, J., Kopiez, R. & Feiten, B. (1998). Perception and representation of multiple tempo hierarchies in musical performance and composition. In R. Kopiez & W. Auhagen (Hrsg.), *Controlling creative processes in music* (S. 13-35). Frankfurt a.M.: P. Lang.

Langner, J., Kopiez, R., Stoffel, Ch. & Wilz, M. (2000). Realtime Analysis of Dynamic Shaping. In C. Woods et al. (Hrsg.), *Proceedings of the Sixth International Conference on Music Perception and Cognition.* Keele, UK, August 2000.

Large, E. W. (1994). Dynamic representation of musical structure. *Dissertation.* The Ohio State University.

Large, E.W. & Kolen, J.F. (1994). Resonance and the perception of musical meter. *Connection Science, 6* (2 & 3), 177-208.

Longuet-Higgins, H.C. & Lee, C.S. (1982). The perception of musical rhythms. *Perception, 11,* 115-128.

Meumann, E. (1894). Untersuchungen zur Psychologie und Ästhetik des Rhythmus. *Philosophische Studien, 10,* 249-322, 393-430.

Miller, B.O., Scarborough, D.L. & Jones, J.A. (1992). On the perception of meter. In M.Balaban, K. Ebcioglu & O. Laske (Hrsg.), *Understanding music with AI: Perspectives in music cognition* (S. 429-447). Cambridge, MA: MIT Press.

Motte-Haber, H. de la (1968). *Ein Beitrag zur Klassifikation musikalischer Rhythmen.* Köln: Arno Volk Verlag Hans Gerig K.G.

Parncutt, R. (1994). A perceptual model of pulse salience and metrical accent in musical rhythms. *Music Perception, 11* (4), 409-464.

Povel, D.J. & Essens, P. (1985). Perception of temporal patterns. *Music Perception*, *2* (4), 411-440.

Repp, B. H. (1993). Music as motion: A synopsis of Alexander Truslit's (1938) „Gestaltung und Bewegung in der Musik". *Psychology of Music*, *21*, 48-72.

Repp, B.H. (1997). The aesthetic quality of a quantitatively average music performance: Two preliminary experiments. *Music Perception*, *14* (4), 419-444.

Rosenthal, D. (1992). Emulation of human rhythm perception. *Computer Music Journal*, *16* (1), 64-76.

Schütte, H. (1978). Subjektiv gleichmäßiger Rhythmus: Ein Beitrag zur zeitlichen Wahrnehmung von Schallereignissen. *Acustica*, *41*, 197-206.

Seidel, W. (1976). *Rhythmus. Eine Begriffsbestimmung*. Darmstadt: Wissenschaftliche Buchgesellschaft.

Strang, G. (1994). Wavelets. *American Scientist*, *82*, 250-255.

Todd, N.P.McAngus. (1994a). Metre, grouping and the uncertainty principle: A unified theory of rhythm perception. In I. Deliege (Hrsg.), *Proceedings of the International Conference for Music Perception and Cognition, Liege, 23.-27. July*.

Todd, N.P.McAngus. (1994b). The auditory „primal sketch": A multiscale model of rhythmic grouping. *Journal of New Music Research*, *23*, 25-70.

Todd, N.P.McAngus. (1995). The kinematics of musical expression. *Journal of the Accoustical Society of America*, *97* (3), 1940-1949.

Todd, N.P.McAngus & Brown, G.J. (1996). Visualization of rhythm, time and meter. *Artifical Intelligence Review*, *10*, 253-273.

Todd, N.P.McAngus, Lee, G.S. & O'Boyle, D.J. (1999). A sensory-motor theory of rhythm, time perception and beat induction. *Journal of New Music Research*. 28(1), 1-24.

Toiviainen, P. (1997). Modelling the perception of metre with competing subharmonic oscillators. In A. Gabrielsson (Hrsg.), *Proceedings of the Third Triennal ESCOM Conference, Uppsala, Sweden, 7-12 June* (S. 511-516).

Walls, K.C. (1994). Effects of intensity and age on perception of accent in isochronus sequences of a snare drum timbre. *Journal of Research in Music Education*, *42* (1), 36-44.

Yeston, M. (1976). *The stratification of musical rhythm*. New Haven: Yale University Press.

Zwicker, E. & Fastl, H. (1990). *Psychoacoustics*. Berlin etc.: Springer.

Comprehensive Abstract

Preface

This study, which is dedicated to an aspect of musical rhythm, is part of a wider research project whose aim is to develop new theoretical foundations and analytical procedures for *all* parameters of music. Its fields of research are, as well as rhythm, in particular the areas of dynamics, tempo, melody and harmony.

The project views the *experience of motion* which music causes in the listener as a fundamental phenomenon which brings together all of these subsidiary fields. The term 'experience of motion' (Bewegungsempfindung) is here used in the sense in which Ernst Kurth formulated it in, for example, his 1931 *Psychology of Music*. The project, however, modifies his point of view in that it seeks, departing from this point, to find concrete answers to questions as to the *type* and *extent* of such experienced motions.

We can view the fact that the motion-related aspect of music is the object of attention in recent psychomusicology research (e.g. Repp 1993; Gjerdingen 1994; Todd 1995) as an indication of the continued relevance of this aspect and of Ernst Kurth's thought.

Chapter 1: Introduction

Periodicity (the recurrence of events at regular time intervals) is generally viewed as a fundamental aspect of rhythm. There is also general agreement among musicologists that in music, variously strong periodicities of different sizes can be superimposed. Examples for this are the metric structures of the various time signatures; a three/four meter for example can be seen as a superposition of a shorter periodicity (from beat to beat) with one three times longer (from down-beat to down-beat). However, a careful inspection of this topic reveals that matters of periodicity in music are much more complex than they appear to be at first glance. Firstly, it seems to be meaningful to assign intensity values to certain periodicities. The simple rhythm of Figure 1.1 gives an example for this: the half-note-periodicity in the rhythm is more or less intensely perceived depending on how strongly the downbeat is accented. Secondly, it is unclear what kind of periodicities are present in more complex rhythms. See Figure 1.2, does a listener perceive only eighth- and quarter-note periodicities (the note values present in the score), or do any additional periodicities exist in the listener's mind? What is the influence of syncopation on periodicity perception?

A series of music psychology studies have dealt with the modelling of listeners' perception of periodicity (e.g. Povel & Essens 1985, Rosenthal 1992, Miller, Scarborough & Jones 1992, Brown 1993, Parncutt 1994, Large 1994, Todd & Brown 1996, Toiviainen 1997 and Todd, Lee & O'Boyle 1999). The models available mostly display one or more limitations in their applicability or efficiency. For example, they may not allow the treatment of the finer fluctuations of tempi present in actual performances (this is the case with Povel & Essens 1985, Miller, Scarborough & Jones 1992 and Parncutt 1994), or they may react too slowly to such fluctuations (as is the case with Large 1994 and Toiviainen 1997). More remarkable still are the differences between the rhythm-theoretical backgrounds of the studies named. Most of them concentrate on the metrical structure of a piece of music. Underlying this is the notion that there is one correct solution (often the time signature given by the composer), and the model is only deemed to be successful when it comes to the same conclusion. However, the studies by Povel & Essens (1985) and Parncutt (1994) go one step further. The authors argue, or at least suggest, that actual musical meaning possibly depends on the simultaneous appearance of very different periodicities, which are in fact incompatible with one particular time signature. This idea is supported by the studies of Yeston (1976), whose analyses of musical works consistently demonstrate the often very rich and highly complex network of diverse periodicities, both simultaneous and successive: the analyses clearly view this as an important characteristic of artistic quality.

Seen from this perspective, it becomes obvious that models which can deal with more than the perception of meter are essential. If the aim is a *musically relevant* analysis of rhythmic structures, it is necessary to detect the complex network of all the periodicities perceived by listeners. The central question of this study is thus:

What kind of musically relevant periodicities are present in the rhythmic structure of a piece of music at any particular moment?

Chapter 2: The Oscillation Model

Oscillation models play an important role in recent music-psychological research into rhythm. The aforementioned studies by Miller, Scarborough & Jones (1992), Large (1994) and Toiviainen (1997) for example are based on such models. In these cases, it is presumed that so-called oscillators can be activated by the periodicity of certain periodically occurring events present in the music; these oscillators consequently function as periodicity detectors. Oscillators can be regarded either as abstract, mathematically describable objects, or as concrete populations of nerve cells. (These kinds of neural oscillators are familiar from neural science: see e.g. Dudel, Menzel & Schmidt 1996, pp. 367

and 519-537). In both cases, however, the activation of oscillators is simulated by computer, i.e. abstractly.

An oscillation model of this type is also applied in the present study. Its basis is a set of 4080 oscillators, each with a fixed frequency and phase. The frequency spectrum comprises 85 frequencies, which stretch logarithmically over the range from 7.5 to 960 beats per minute (see table 2.1, *M.M.* = bpm); in each case, the phase spectrum is formed from 48 phases, which cover the region from 0° to 360° at an constant interval of 7.5°, so that any kind of temporally shifted periodicity can also be detected. (The total number of oscillators results from 85 x 48 = 4080.)

Each oscillator contains what is known as an activation window, which opens and closes periodically, in exact correspondence with the frequency and phase concerned. Examples for these opening and closing processes are given graphically in the figures 2.5 to 2.7 (*Zeit* = time, *Aktivierbarkeit* = degree of activatability). The lines in these graphs are called „activitibility profiles" (*Aktivierbarkeitsprofile*) because an oscillator is only sensitive to input when the window is open: in other words, it can only be activated at these times. If a musical event occurs while the window is open, it activates the oscillator. The dynamics of the music also come into play in this process, since louder events produce stronger activation.

The calculation of activation proceeds step by step through the course of a piece of music (5 ms has proved a suitable value for a temporal step). The activation of each oscillator is subject to decay; this means in particular that if no new stimulus occurs, the oscillator gradually comes to rest again. Fig. 2.8 to 2.10 depict this activation process by means of examples. In particular, we can see that a series of beats at 60 bpm activates the oscillator with the frequency of 1 Hz optimally, but not the neighbouring oscillators with frequencies of 0.944 and 1.059 Hz (*Lautstärkeverlauf* = loudness curve, *durch das Profil modifizierter Input* = input modified by the profile, *Aktivierungsstärke des Oszillators* = activation intensity level of the oscillator).

The loudness curve of the piece is used as input. An additional onset detection is undertaken, in accordance with the importance of the onset times for the perception of rhythm. (Fig. 2.8 to 2.10 are simplified inasmuch as they are based on a loudness curve which is constructed exclusively from the onsets). For the present study, a loudness curve in *Sone* was always taken as the basis, calculated from the tone signal according to Zwicker's model of loudness (Zwicker & Fastl 1990, pp. 197-214): this ensures a good approximation of the dynamics actually perceived by listeners, and has proved superior to the application of simple dB values. (The computer program used in this connection was written by Bernhard Feiten & Markus Spitzer, Berlin, for the Musikhochschule Hannover; further information can be found in Langner, Kopiez & Feiten 1998, pp.

18-20.) Fig. 2.1 and 2.2 compare the Sone and the dB loudness curves of the same recording (the example is to be found on the CD supplied, track 63).

The activation values of the individual oscillators are compiled for each frequency as an oscillation intensity level. This procedure, however, entails more than a mere summing-up of the various components; in particular, diverse interaction mechanisms are implemented between the individual oscillators, effecting an intensification of the contrasts. Such intensifications of contrast are well-known from visual perception (see e.g. Goldstein 1999, pp. 57-60). We may observe in Fig. 2.11 the powerful effect of these mechanisms; the dotted line shows the oscillation intensity levels before an intensification of contrast, the unbroken line the oscillation intensity levels after such an intensification (*Oszillationsstärke* = oscillation intensity level).

The oscillation intensity levels are also modified in such a way that a particular weakening occurs towards the edges of the frequency region, so that optimal activation occurs only in the middle region around 100 bpm. This is supported by a series of tapping experiments, in which a preference for the middle tempo range was repeatedly demonstrated (see e.g. Fraisse 1982, pp. 153-154 or Kopiez & Langner 1998). Fig. 2.12 contains the values of the so-called ‚enveloping function', by which the oscillation intensity levels are multiplied.

The output takes the form of so-called oscillograms (see Fig. 2.14 for example). These diagrams represent the temporal course of the activations over a whole piece of music: the darker the colour, the more intensely the corresponding frequency is activated. For better orientation, the onsets are marked on the upper horizontal axis; the note values corresponding to a particular frequency in the concrete piece of music are named at the right edge of the oscillogram (*Sechzehntel* = sixteenth note, *Trionenachtel* = eighth triplet, *Achtel* = eighth note, *Halbe* = half note, *Dreiviertel* = dotted half note, *Ganze* = whole note, *M.M.* = bpm).

Fig. 2.14 shows the oscillogram for a regular series of quarter notes at tempo 120 bpm. The most intense activation is found, as is to be expected, at the frequency of 120 bpm. Further, there occur weaker activations at some whole multiples (240, 360, 480 bpm) and some whole factors of the main frequency (e.g. at 60, 40, 30 bpm). The model, then, works in such a way as to also simultaneously activate the rhythmic harmonics and subharmonics. Further, we must note that the first activation at the frequency of 120 bpm only begins with the *second* conga beat. This is a consistent result, as it is only at this point possible for the system to „know" that a series of beats at precisely this tempo has commenced.

The temporal *changes* in the oscillograms can be illustrated by means of the so-called expectograms. For this, the difference between the oscillation intensity level and the corresponding value one period *earlier* is calculated individually for each frequency and for each point in time. These difference values are depicted in the expectogram: red stands for increase in oscillation intensity levels, blue for a decrease. Fig. 2.15 (Appendix F) shows the expectogram for the oscillogram in Fig. 2.14. It shows relatively little colouring, which is nevertheless plausible, as the corresponding oscillogram (and the „piece of music" on which it is based) show few changes. Further examples of expectograms, as well as the background of the term „expectogram", can be found in Chapter III. (All colour diagrams are in Appendix F).

Fig. 2.17 to 2.21 show how the oscillograms change when individual mechanisms are removed from the model. A comparison of Fig. 2.16 and 2.18 indicates particularly clearly the considerable significance of intensifications of contrast. A full mathematical description of the algorithms is to be found in section II.B.

Chapter 3: Analyses

Figure 3.1 contains the oscillogram for a dotted rhythm in a medium tempo. The greatest activation is found at the quarter note level (*Viertelnoten*). This result is plausible, since this rhythm is built of units of exactly this length, and thus incorporates a clear quarter-note periodicity. Relatively strong shading can be seen on the sixteenth-note level, though here it is not a consistent band. The strong activation there occurs whenever two beats follow at a distance of a sixteenth note, and it dies away again after this.

The grey shading in the area of the eighth triplets (*Achteltriolen*) seems astonishing, since this note value is not contained in the rhythm itself. The excitation of this frequency can be explained from its being the third harmonic of the quarter-note oscillation, and in connection with the fact that the sixteenth note which occurs here is little different in length to an eighth triplet. This *approximate* identity between the two leads to a moderate stimulation. (Such a phenomenon could be called a „strange" oscillation.)

Relatively weak but nevertheless clearly recognisable is the activation on the level of the dotted eighth- and the five-sixteenth notes. The rhythm actually contains these distances: the former from the dotted note to the following sixteenth note, the latter from the sixteenth note to the *next-but-one* dotted note. One cannot speak of periodicity *in the strictest sense* here, since the periods do not follow one another directly, but leave holes in the former case and overlap in the latter. What is important is the fact that the model is sensitive to such „improper" periodicities. Whether this is relevant from a musical point of view must remain an open question at this point. Using the contrast intensification mechanism mentioned in Chapter II, these activations can be practically eliminated: Figure 3.2 shows the corresponding oscillogram. This presents on the whole a much clearer picture.

Figures 3.3 and 3.4 contain the oscillograms for the dotted rhythm once in a fast and once in a slow tempo. The activation patterns are relatively similar, but, because of the maximum activation of the oscillators in the 600ms region, mentioned in Chapter II, there are significant displacements. For the fast tempo, the emphasis is on the (continuous) quarter-note oscillation; for the slow tempo on the other hand the emphasis is on the (non-continuous) sixteenth-note oscillation. This corresponds well to the fact that the musical effect of the dotted rhythm varies according to its tempo (generally flowing in fast tempi, generally faltering in slow tempi: Motte-Haber 1968, p. 151).

Figures 3.5 to 3.7 show how the oscillogram changes when a perfectly regular sequence of beats (3.5) is replaced by accentuation in the form of a 4/4-meter (3.6) or a 3/4-meter (3.7). Here it should be noted that the upper horizontal strip also represents the dynamic relations of the onsets: the louder the onset, the darker the shading.

Figures 3.8 and 3.9 are derived from examples with fluctuating tempi. The oscillogram in 3.9 demonstrates the special case of a simultaneous acceleration (on the eighth/triplet level) and deceleration (on the quarter-note level). (This example is inspired by Arthur Honeggers Pacific 231, which contains many tempo changes of this type: see Langner, Kopiez & Feiten 1998.)

Figures 3.10 and 3.11 (the latter is in Appendix F) contain the oscillogram and the expectogram for the Soccer rhythm. Particularly important here is that a blue shading occurs simultaneously on four levels of the expectogram, at the syncopations in bars 2 and 4 (i.e. on the levels of the eighth, the quarter, the dotted quarter and the half note), at exactly the spot where an expected tone does not occur because of the tie. The intense blue shading here represents nonfulfilment of expectation, in other words the surprise of the listener. The name „expectogram" is inspired by this and similar places.

Figures 3.12 to 3.17 relate to different performances of the Bonanza and Fiver rhythms. Important here is firstly the possibility of following the temporal shaping of the performances precisely with the aid of the oscillogram: the player in Figure 3.13, for example, shows light fluctuations on the sixteenth- and eighth-note levels alone, whereas the timing on the level of the quarter-note is almost exact. In Figure 3.12 on the other hand there are stronger and more general tempo fluctuations, which extend to the quarter-note level as well.

Even more significant is the fact that those performances which are musically most convincing demonstrate a more intensive general shading in either the oscillogram (3.13 compared to 3.12) or the expectogram (3.17 compared to 3.16): in other words, they lead on the whole to a stronger activation of the model. This tendency could be observed in countless examples, and led to the idea that an explanation for the musical quality of a rhythmic performance could be achieved using the oscillogram and the expectogram. To this end, two new measurements were introduced. The overall oscillation intensity (*Gesamtoszillationsstärke O*) is calculated from the sum of all activation values in an *oscillogram*, divided by the temporal duration of the piece of music (the sum is formed from all the frequencies and the total duration of the piece of music.) The overall intensity of change (*Gesamtänderungsstärke A*) is calculated from the sum of all the values in an *expectogram*, divided by the temporal duration of the piece of music. (The results for the four performances analysed are shown in table 3.1). This made it possible to check the model indirectly: a series of performances could be evaluated by listeners, and in conclusion the usefulness of the model for explaining these evaluations could be determined by regression analysis with the predictor variables *overall oscillation intensity* and *overall intensity of change*.

Chapter 4: Experiment

The stimuli of the experiment were 62 different conga-performances of the 10 different rhythms whose scores can be found in Figure 4.1. It dealt with relatively simple rhythms, such as the Bonanza and the Fiver which had been analysed in Chapter 3, or the famous Bolero drum-rhythm. Opus 3 and Opus 4 are non-ostinato rhythms which had been especially composed for this experiment. (The 62 audio examples are included on the accompanying CD, the table of contents for which is in Appendix A.)

Most of the performances were played by students of the Musikhochschule Hannover, but deadpan and average versions were also integrated. All the performances were normalized regarding average tempo and average loudness, preserving however the original relations for dynamics and timing. After the normalization process, the performances were transformed to a drum machine; thus, the timbral and articulatory parameters were uniform for all versions.

47 of the performances were evaluated by 24 expert subjects (people who study or studied music, ages ranging from 16 to 53 years), 40 of the performances were evaluated by 127 school pupils (from a comprehensive school: around half had musical training; age range from 15 to 19 years). The subjects heard the different performances of a rhythm several times, and were then asked to evaluate how well (in the musical sense) the rhythm concerned had been played. A scale of one to six was used for this purpose (the German mark scale, where 1 means „very good" and 6 means „very poor"). In addition, the subjects were requested to give verbal commentaries on the versions and to explain the reasons for their evaluations, where possible. The results are listed in Tables 4.3 to 4.14. (*DZensur* = average rating, *Stdv* = standard deviation, *Ex-*

perten = experts, *Schüler* = pupils, *L* = version given by a student of education, *S* = version given by a student of percussion, *H* = version given by a percussion lecturer, *M* = mean version, *DP* = deadpan version, *M_x* = modified mean version, *DP_x* = modified deadpan version). Diagrams with the average ratings can be found in Figures 4.2 and 4.3.

The average ratings were initially examined by means of variance analysis. By this process, the factor version appeared to be statistically significant at the p<0.01 level in all of the rhythms analysed; in the majority of cases, the consequent multiple comparisons of means also provided significant differences (p<0.01): see Tables 4.15 to 4.19 and surrounding text as well as Appendix E for details. The correlation between the mean ratings of the experts and those of the pupils (calculated for the 25 performances which had been rated by both groups) is high (r = 0.88, p<0.01). However, the differences between the two groups for most of the rhythms are also significant (see Table 4.16). It is worth mentioning that the average versions generally come out well in the rating. This tallies with the findings of Repp (1997) in connection with piano performances.

In a second stage, a multiple quadratic regression analysis was calculated. The dependent variable was the mean rating; the predictor-variables were the values for the overall oscillation intensity and the overall intensity of change mentioned above. The absolute values O and A were not taken for the calculation, but rather the relative values rO and rA according to the formulas:

$$rO = O - Om$$
$$rA = A - Am$$

where Om is different for each of the rhythms: it is the mean value of the oscillation intensities of all performances of the rhythm concerned. The Am value is calculated in the same way. (All these values are listed for each of the 62 performances in Appendix A.) The use of the relative values reflects the design of the experiment: the subjects rated the performances only in comparison to other performances of the same rhythm.

The regression analysis was carried out separately for the 47 versions evaluated by the experts and the 40 evaluated by the school pupils. The r^2-value, which signifies how well the regression fits the data, is 0.661 for the experts and 0.727 for the school pupil. This means that around 66% and 73% respectively of the variance can be explained by the two predictors. (The effect of the overall intensity of oscillation was statistically significant for both groups of subjects, the overall intensity of change was significant only for the school pupils.) The details of the results of regression analysis can be found in Tables 4.23 (for the experts) and 4.24 (for the school pupils). An important detail is that the intensity of change must be incorporated into the evaluations for the school pupils to a much greater extent than for the experts. This can be seen in the third column of the tables (the standardized β-coefficients): The two coefficients of the intensity of change, i.e. for the quantities rA und rAq (the square of rA), are in sum greater for the school pupils than for the experts. Figures 4.2 und 4.3 show the results of the rating experiment (circles) and the values achieved through regression (stars) for the experts and the school pupils respectively. (The corresponding track numbers for the accompanying audio CD are given in the band at the top).

By adjusting some parameters of the model (e.g. the value for the decay), its ability to explain the variance can be increased to about 75% and 80% respectively.

In order to confirm separate aspects of the model, further calculations were made. These included altering the oscillation model in such a way that those oscillations belonging to the improper periodicities mentioned above were very much suppressed. With this altered model, the overall intensity of oscillation and the overall intensity of change were calculated for each performance anew, and the regression analysis was carried out on this new data. The variance explanation receded in this case from 66% to 46% in the case of the experts and from 73% to 50% in the case of the school pupils. Similar calculations were carried out for other changes to the model: the variance explanation was consistently worse when for example the contrast intensifications were taken out (c.f. Table 4.28).

Figures 4.4 and 4.5 (Appendix F) show how the variance explanation (r^2) changes for the rating of different groups of people when individual parameters of the model are set differently. 4.4 shows that better results can be achieved by with a stronger decay for the younger subjects and a weaker decay for the older. A similar finding is shown in Figure 4.5: a greater contrast intensification (*Unterdrückungsstärke*) improves the results of the regression for the older subjects, whereas for the younger subjects it is improved by a weaker contrast intensification. (These regression analyses were calculated only for those performances which had been rated by both groups.)

Further checking of the model was carried out using a regression analysis with two control predictors. These control predictors were accuracy – a measure of how exact the timing was compared with mathematically exact timing – and dynamicity – a measure for the changes in loudness from tone to tone (the formulas for calculating these two quantities can be found in section II.B.4, the values for the individual performances are given in appendix B). This regression (which was also quadratic) resulted in variance explanations for the evaluations of 52% in the case of the experts and 53% in the case of the school pupils. See Tables 4.26 and 4.27 for details (*rGEN* = relative value for accuracy, *rDYN* = relative value for dynamicity).

Chapter 5: Discussion

The oscillograms in chapter III demonstrate that, all in all, the procedure enables a reliable periodicity detection – reliable in the sense that it can indicate *all* the periodicities clearly present in the rhythm under analysis. In addition, it became clear that the model is sensitive to periodicity in a more expanded sense of this term: here attention should be drawn again to the detection of so-called improper periodicities as well as to the strange oscillations mentioned above.

Furthermore, oscillograms allow the visualisation of many details of performance, such as the fine tempo fluctuations of the player, and also whether these fluctuations only occur on the microlevel or impact on larger units. It is exactly this possibility – of presenting the tempo-figuration of a piece of music on more than one level – which seems a particularly beneficial application of the procedure.

The ability to explain variance of 66% and 73% respectively in the evaluation experiments provided by this model (Chapter IV) can be regarded as extremely beneficial, given the commonly accepted fact that listeners, including musical experts, are generally not in a position to justify their evaluations in any objective way. This inability also manifested itself in the course of the experiment, when the verbal explanations were evaluated (c.f. section IV.E.4). The oscillation model thus allows a large measure of objectification in an area which was heretofore hardly possibly to objectify. Furthermore, the model proved its superiority to an alternative way of explaining the evaluations: the regression analysis with the predictors accuracy and dynamicity leads to a much lower explanation of variance (52% and 53%).

However, the model does not imply that there is only one good performance of a given piece of music: on the contrary, there may be very different oscillograms for any given rhythm, all resulting in high values for the intensity of oscillation and/or the intensity of change. This corresponds well to everyday musical experience, which tells us that in many cases, several different convincing performances of the same piece of music are possible.

Setting the model for different groups of listeners would seem to offer a particularly attractive perspective. This is borne out by the calculations whose results are presented in Figures 4.4 and 4.5 (Appendix F), as well as the fact that the regression for the school pupils necessitated that the intensity of change be taken into account to a much greater extent (Tables 4.23 and 4.24). These results can be seen as an indication that the differing perception and differing experiencing of rhythm by different groups of people can be grasped with the help of the model. At this point, research into rhythm takes a step away from that manner of working which is oriented solely at the mean values, towards taking individual differences into account.

All in all, the musical relevance of the detected periodicities and therefore of the model as a whole can be seen to be confirmed, along with some separate aspects of the model. For example, the improper periodicities detected by the model perform an important function in the explanation of the evaluations: if they are not present, the variance explanation reduces drastically to 46% and 50% respectively. From this we can conclude that these periodicities are indeed relevant for perception, in agreement with the ideas of Yeston (1976) or Parnucutt (1994) cited above. With other calculations, the positive influence of further mechanisms of the model can be demonstrated, particularly the contrast intensification. When these mechanisms were removed, the variance explanation always deteriorated.

A comparison of the present study with the other studies referred to above reveals that the most important difference is the goal set for the research. Whereas the other studies are geared towards the explanation of *phenomena of perception*, the present study aims ultimately for the explanation of *musical effects*. Its focus is thus the treatment of another level of hearing.

The procedure demonstrates none of the limitations to application mentioned in the introduction. It deals with real performances, and reacts as quickly as possible to deviations in tempo. Moreover, it is online-compatible: in other words, it calculates the oscillations parallel to the continuing progress of the music. These characteristics would appear to make it suitable for providing the musician (for example, a percussionist) with instant feedback regarding the performance. For this reason, the development of a real-time version is planned – a PC software package which would allow the generation of an on-screen oscillogram while the musician plays. The fine deviations of tempo, for example, could then be viewed; meanwhile, the display of additional values for the overall oscillation intensity and the overall intensity of change would give further information on the musical qualities. Such a software package could be utilized by musicians as an aid to self-regulation, and would of course also be applicable in instrumental tuition.

The relationship between the oscillations and aesthetic evaluation had already been demonstrated in earlier experiments made with piano performances (Langner & Kopiez 1995, Langner & Kopiez 1996). The question of whether the explanatory value of the model is merely culture-specific (the culture in question being that of the West), or if it can be applied more broadly, cannot be answered definitively at the present time. Initial experiments in comparative evaluation, with the same performances of the same simple rhythms and *African* subjects, have been carried out (Kopiez, Langner & Steinhagen 1999). The first regression analyses with the results gathered up to now indicate that the model must be adjusted to explain the African evaluations. It appears that the same model can be applied, but with different values for some of the parameters. From this, it would be possible to conclude that the same basic perception mechanisms are in effect in the case of African listeners, but that these work in a slightly different way due to different cultural conditioning.

As suggested in the introduction, the present work is part of a wider research project. Figure 5.5 gives an overview of the analytical procedures which have been developed up until now, or which are still in development. All these procedures have as a basic characteristic the multi-level analysis according to different temporal perspectives, and the complete representation of the results in colour graphics. Further information on the dynagrams and the tempograms can be found in Langner (1997) and Langner, Kopiez, Stoffel & Wilz (2000); information on the harmograms can be found in Langner (in press).

Anhang

Rhythmus	CD Track	Version	O	Om	rO	A	Am	rA
Triolen	1	M	11.49	11.22	0.27	5.24	5.18	0.06
	2	S3	11.37	11.22	0.14	5.17	5.18	-0.01
	3	L2	10.99	11.22	-0.23	5.57	5.18	0.39
	4	M-LT+	10.94	11.22	-0.29	5.76	5.18	0.58
	5	L3	11.32	11.22	0.10	4.17	5.18	-1.01
Drive	6	M	11.26	11.18	0.08	5.57	5.08	0.50
	7	S1	10.84	11.18	-0.34	6.49	5.08	1.42
	8	S3	10.67	11.18	-0.51	5.98	5.08	0.90
	9	DP-L+	11.90	11.18	0.72	2.95	5.08	-2.12
	10	L3	11.23	11.18	0.05	4.38	5.08	-0.69
Bonanza I	11	S3-L	9.13	8.57	0.56	4.67	4.76	-0.09
	12	S3	8.53	8.57	-0.04	4.49	4.76	-0.27
	13	S3-T	8.05	8.57	-0.52	5.13	4.76	0.36
Bonanza II	14	M	8.73	8.17	0.57	4.85	4.68	0.17
	15	S3	8.53	8.17	0.37	4.49	4.68	-0.19
	16	H	8.46	8.17	0.29	4.70	4.68	0.03
	17	L1	7.81	8.17	-0.36	4.57	4.68	-0.11
	18	L3	7.30	8.17	-0.87	4.77	4.68	0.09
Marsch	19	M	8.99	8.54	0.45	4.60	4.56	0.04
	20	DP-L+	9.32	8.54	0.79	4.61	4.56	0.05
	21	S1	8.09	8.54	-0.44	4.77	4.56	0.21
	22	S3	8.64	8.54	0.10	4.79	4.56	0.23
	23	L2	7.94	8.54	-0.60	4.59	4.56	0.03
	24	L1	8.24	8.54	-0.29	3.99	4.56	-0.57
Soccer I	25	DP	9.91	9.69	0.23	6.68	6.71	-0.03
	26	H	9.71	9.69	0.03	6.88	6.71	0.17
	27	S3	9.79	9.69	0.11	6.43	6.71	-0.28
	28	S1	9.74	9.69	0.05	6.83	6.71	0.12
	29	L2	9.27	9.69	-0.41	6.72	6.71	0.02
Soccer II	30	DP	9.34	9.03	0.31	6.04	6.21	-0.16
	31	DP-L+	9.19	9.03	0.15	6.47	6.21	0.27
	32	H	9.12	9.03	0.09	6.23	6.21	0.03
	33	DP-L++	8.98	9.03	-0.05	6.36	6.21	0.16
	34	L2	8.53	9.03	-0.50	5.92	6.21	-0.29
Bolero	35	S3	7.64	7.58	0.06	4.25	4.23	0.02
	36	M	8.21	7.58	0.63	4.08	4.23	-0.15
	37	M-L+	8.56	7.58	0.98	4.15	4.23	-0.08
	38	L2	7.07	7.58	-0.51	4.11	4.23	-0.12
	39	M-L+	6.45	7.58	-1.13	4.35	4.23	0.12
	40	L1	7.55	7.58	-0.03	4.43	4.23	0.20
Fünfer	41	M	9.80	9.54	0.26	5.37	5.08	0.29
	42	L1	8.63	9.54	-0.91	6.56	5.08	1.49
	43	L3	8.61	9.54	-0.93	5.83	5.08	0.75
	44	S1	9.78	9.54	0.24	4.56	5.08	-0.52
	45	DP-L+	10.87	9.54	1.34	3.07	5.08	-2.01
Siebener	46	M	10.29	9.78	0.51	5.07	5.41	-0.34
	47	S1	9.64	9.78	-0.14	5.87	5.41	0.46
	48	L3	9.17	9.78	-0.61	6.22	5.41	0.81
	49	S2	10.22	9.78	0.43	4.53	5.41	-0.89
	50	S3	10.06	9.78	0.27	4.60	5.41	-0.81
	51	H	9.32	9.78	-0.47	6.18	5.41	0.77
Opus 3	52	M	9.97	9.86	0.11	5.57	5.70	-0.13
	53	S3	10.17	9.86	0.30	5.67	5.70	-0.03
	54	L1	10.24	9.86	0.37	5.70	5.70	-0.00
	55	H	9.73	9.86	-0.13	6.09	5.70	0.39
	56	S1	9.62	9.86	-0.24	5.69	5.70	-0.00
	57	L3	9.45	9.86	-0.41	5.47	5.70	-0.23
Opus 4	58	M	10.73	10.45	0.28	5.90	6.14	-0.24
	59	L1	10.52	10.45	0.08	6.09	6.14	-0.05
	60	S1	10.34	10.45	-0.11	6.09	6.14	-0.05
	61	H	10.50	10.45	0.05	6.60	6.14	0.46
	62	L3	10.15	10.45	-0.30	6.04	6.14	-0.11

Anhang A: **Inhalt der CD**

Gesamtoszillationsstärken (absolute, mittlere und relative) der 62 Versionen
Gesamtänderungsstärken (absolute, mittlere und relative) der 62 Versionen

Track Nr. 63 enthält die Originaleinspielung zur S3-Version von „Opus 3" (vor Normierung und Transferierung auf den Drumcomputer).

Rhythmus	CD Track	Version	GEN	GENm	rGEN	DYN	DYNm	rDYN
Triolen	1	M	-2.60	-5.52	2.92	7.60	7.68	-0.08
	2	S3	-2.90	-5.52	2.62	6.30	7.68	-1.38
	3	L2	-7.70	-5.52	-2.18	9.10	7.68	1.42
	4	M-LT+	-7.90	-5.52	-2.38	11.30	7.68	3.62
	5	L3	-6.50	-5.52	-0.98	4.10	7.68	-3.58
Drive	6	M	-2.60	-4.16	1.56	7.10	5.62	1.48
	7	S1	-5.40	-4.16	-1.24	8.10	5.62	2.48
	8	S3	-6.70	-4.16	-2.54	7.70	5.62	2.08
	9	DP-L+	0.00	-4.16	4.16	2.50	5.62	-3.12
	10	L3	-6.10	-4.16	-1.94	2.70	5.62	-2.92
Bonanza I	11	S3-L	-1.60	-8.03	6.43	4.40	2.93	1.47
	12	S3	-11.50	-8.03	-3.47	4.40	2.93	1.47
	13	S3-T	-11.00	-8.03	-2.97	0.00	2.93	-2.93
Bonanza II	14	M	-4.10	-10.60	6.52	2.80	3.08	-0.28
	15	S3	-11.50	-10.60	-0.88	4.40	3.08	1.32
	16	H	-5.30	-10.60	5.32	3.60	3.08	0.52
	17	L1	-17.40	-10.60	-6.78	2.60	3.08	-0.48
	18	L3	-14.80	-10.60	-4.18	2.00	3.08	-1.08
Marsch	19	M	-4.10	-7.47	3.37	2.20	2.43	-0.23
	20	DP-L+	-1.40	-7.47	6.07	2.70	2.43	0.27
	21	S1	-9.90	-7.47	-2.43	0.60	2.43	-1.83
	22	S3	-7.70	-7.47	-0.23	2.10	2.43	-0.33
	23	L2	-9.40	-7.47	-1.93	2.70	2.43	0.27
	24	L1	-12.30	-7.47	-4.83	4.30	2.43	1.87
Soccer I	25	DP	-1.00	-3.98	2.98	0.00	1.40	-1.40
	26	H	-5.60	-3.98	-1.62	2.20	1.40	0.80
	27	S3	-3.70	-3.98	0.28	2.00	1.40	0.60
	28	S1	-2.70	-3.98	1.28	1.00	1.40	-0.40
	29	L2	-6.90	-3.98	-2.92	1.80	1.40	0.40
Soccer II	30	DP	-1.00	-2.98	1.98	0.00	2.32	-2.32
	31	DP-L+	-0.70	-2.98	2.28	4.40	2.32	2.08
	32	H	-5.60	-2.98	-2.62	2.20	2.32	-0.12
	33	DP-L++	-0.70	-2.98	2.28	3.20	2.32	0.88
	34	L2	-6.90	-2.98	-3.92	1.80	2.32	-0.52
Bolero	35	S3	-9.50	-9.10	-0.40	2.60	2.20	0.40
	36	M	-4.30	-9.10	4.80	1.50	2.20	-0.70
	37	M-L+	-4.30	-9.10	4.80	3.90	2.20	1.70
	38	L2	-11.20	-9.10	-2.10	1.50	2.20	-0.70
	39	M-T++	-17.10	-9.10	-8.00	1.50	2.20	-0.70
	40	L1	-8.20	-9.10	0.90	2.20	2.20	0.00
Fünfer	41	M	-1.50	-5.16	3.66	6.80	6.06	0.74
	42	L1	-7.10	-5.16	-1.94	10.20	6.06	4.14
	43	L3	-11.50	-5.16	-6.34	7.40	6.06	1.34
	44	S1	-5.70	-5.16	-0.54	4.50	6.06	-1.56
	45	DP-L+	0.00	-5.16	5.16	1.40	6.06	-4.66
Siebener	46	M	-1.10	-6.13	5.03	7.00	7.42	-0.42
	47	S1	-8.00	-6.13	-1.87	8.20	7.42	0.78
	48	L3	-12.10	-6.13	-5.97	9.20	7.42	1.78
	49	S2	-4.30	-6.13	1.83	6.00	7.42	-1.42
	50	S3	-4.30	-6.13	1.83	5.10	7.42	-2.32
	51	H	-7.00	-6.13	-0.87	9.00	7.42	1.58
Opus 3	52	M	-3.10	-5.30	2.20	1.60	2.03	-0.43
	53	S3	-5.00	-5.30	0.30	2.50	2.03	0.47
	54	L1	-6.50	-5.30	-1.20	1.80	2.03	-0.23
	55	H	-4.60	-5.30	0.70	3.20	2.03	1.17
	56	S1	-6.30	-5.30	-1.00	1.30	2.03	-0.73
	57	L3	-6.30	-5.30	-1.00	1.80	2.03	-0.23
Opus 4	58	M	-2.50	-5.70	3.20	1.30	2.06	-0.76
	59	L1	-4.20	-5.70	1.50	1.80	2.06	-0.26
	60	S1	-5.10	-5.70	0.60	1.30	2.06	-0.76
	61	H	-6.40	-5.70	-0.70	3.20	2.06	1.14
	62	L3	-10.30	-5.70	-4.60	2.70	2.06	0.64

Anhang B: **Inhalt der CD**
Genauigkeitswerte (absolute, mittlere und relative) der 62 Versionen
Dynamizitätswerte (absolute, mittlere und relative) der 62 Versionen

Track Nr. 63 enthält die Originaleinspielung zur S3-Version von „Opus 3" (vor Normierung und Transferierung auf den Drumcomputer).

Die vorgespielten Aufnahmen stammen von Musikstudenten. Sie waren gebeten worden, bestimmte Rhythmen auf einer Conga so musikalisch wie möglich zu spielen.

Wie gut ist ihnen das gelungen? Bitte eine Bewertung anhand der in der Schule verwendeten **Zensurenskala von 1 (sehr gut) bis 6 (ungenügend)** abgeben. Dabei sind auch Zwischenzensuren (z.B. 2+ oder 3-4) zugelassen.

Wie könnte man das jeweilige Spielen charakterisieren? Wie könnte man beschreiben, wodurch es sich von anderen unterscheidet? Bitte – falls möglich – eine Charakterisierung mit Worten vornehmen.

Beispiel Nr.	Zensur	Charakterisierung (falls möglich)
1		
2		
3		
4		
5		
6		

Bitte angeben:

männlich oder weiblich ? (Zutreffendes unterstreichen)

gegebenenfalls: Anzahl der Jahre, in denen Einzelunterricht auf einem Musikinstrument genommen wurde:

gegebenenfalls: Anzahl der Jahre Musikpraxis in einer Gruppe, z.B. Chor, Spielmannszug, Flöten-AG oder Band:

Anhang C: **Fragebogen für die Bewertungsexperimente mit Schülern**
(leicht verkleinert)

Die Bögen für die Experimente mit den Experten waren ähnlich gestaltet, enthielten jedoch noch mehr Raum für eventuelle Charakterisierungen

Anhang D: Zur Genauigkeit bei der Transferierung auf den Schlagzeugcomputer

Bei allen mit Sequenzer und Schlagzeugcomputer erzeugten Fassungen war der Input für das Oszillationsmodell leicht zu erhalten: Einsatzzeitpunkte der Töne und ihre Lautstärken waren rechnerisch ermittelt worden und somit explizit bekannt, mithin konnten die Lautstärkekurven auf einfache Weise errechnet werden (siehe Abschnitt II.A). Von Bedeutung war hierbei jedoch die Frage, mit welcher Genauigkeit Sequenzer und Schlagzeugcomputer diese Vorgaben umsetzen, mußte doch sichergestellt sein, daß die Vpn bei der Bewertung auch wirklich *das* hören, was als Input für das Oszillationsmodell verwendet wird.

Hierbei verlangte insbesondere das Transferieren der Lautstärkewerte besondere Aufmerksamkeit, galt es doch, die Angaben auf der Sone-Skala auf die im MIDI-Format verwendeten Velocity-Werte zu übertragen. Untersuchungen mit einem hochwertigen Meßgerät für Schalldruckpegel ergaben, daß die Velocitiy-Werte bei dem verwendeten Schlagzeugcomputer linear an das dB-Maß gekoppelt sind (4 Velocity-Stufen entsprechen ca. 1.5 dB). Die erforderliche Umrechnung der Sone-Werte (x) in dB (y) erfolgte nun anhand der folgenden Gleichung:

$$y = 10 * (\ln(x) / \ln(2) + 4)$$

Diese Formel entspricht dem aus psychoakustischen Untersuchungen gewonnenen Zusammenhang zwischen den beiden Lautstärkeskalen für einfache Sinustöne (Zwicker & Fastl, 1990, S. 185). Daß dies nun auch für die komplexen Schallsignale eines Computersounds zu korrekten Werten führen würde, war nicht von vornherein klar, ebensowenig wie die Genauigkeit von Sequenzerprogramm und Drumcomputer.

Aus diesen Gründen erfolgte ein Test anhand von sechs verschiedenen Versionen mit insgesamt 144 Tönen. Hierbei wurde die Audio-Aufnahme der Computerfassung mit Hilfe der in Abschnitt II.A beschriebenen Prozedur auf Onsetlautstärken und -zeitpunkte hin analysiert – dabei kam nochmals das sonst nur auf die Original-Einspielungen angewendete Verfahren zum Einsatz. Das Ergebnis konnte dann mit den Sollwerten verglichen werden. Die Resultate zeigt Tabelle D.1.

Timing		Lautstärke	
Abweichung in ms	Anteil der Töne	Abweichung δ in Sone	Anteil der Töne
0	69%	$0 \leq \delta < 0.5$	83%
5	30%	$0.5 \leq \delta < 1.0$	15%
10	1%	$1.0 \leq \delta < 1.5$	2%

Tab. D.1: Abweichungen zwischen den Ist- und Sollwerten bei der Umsetzung durch Sequenzer und Schlagzeugcomputer. Grundlage waren 144 Töne aus 6 Versionen.

Nimmt man als Maßstab die jeweilige Unterscheidungsfähigkeit der Wahrnehmung, so ist Genauigkeit beim Timing als sehr gut zu bewerten, denn es kommen überhaupt nur solche Abweichungen vor, welche in der Nähe der Wahrnehmbarkeitsgrenze liegen (siehe hierzu Abschnitt II.A). Bei der Lautstärke ist dies etwas kritischer einzuschätzen, da Abweichungen von 0.5 bis 1 Sone zweifellos erkannt werden können (Walls 1994, S.37, nennt als Unterscheidungsgrenze ca. 1 dB, dies entspricht bei einer Lautstärke von 70 dB etwa 0.5 Sone). Bewertete man die hier erzielte Genauigkeit als nicht ausreichend, so ließe sich eine Verbesserung durch die folgende Prozedur erreichen: Man müßte anstelle der berechneten Lautstärkekurven die Audiosignale des Drumcomputers zur Basis nehmen, an diesen wiederum Onsetdetektion durchführen und die so gewonnen Daten dann als Input verwenden. Für die vorliegende Arbeit wurde auf diesen Schritt verzichtet.

Anhang E: Details zu den Varianzanalysen
(siehe Kapitel IV, Abschnitt E.3)

Rhythmus	Prüfverfahren, falls Sphärizität nicht sicher	df	F	Signifikanz
Bonanza I	Greenhouse-Geisser	1.600	0.473	0.582
Bonanza II	Greenhouse-Geisser	3.421	8.796	0.000**
Marsch	Greenhouse-Geisser	3.239	11.280	0.000**
Bolero	Greenhouse-Geisser	4.307	2.481	0.039*
Opus 3	Greenhouse-Geisser	3.932	2.443	0.048*

Tab. E.1: Ergebnisse der Varianzanalyse (Allgemeines Lineares Modell, Meßwiederholung): Einfluß der Faktorenkombination VERSION*GRUPPE (Experten/Schüler) auf die Bewertungen

Personengruppe	Rhythmus	Prüfverfahren, falls Sphärizität nicht sicher	df	F	Signifikanz
Experten	Triolen		4	20.062	0.000**
	Bonanza I		2	7.407	0.001**
	Bonanza II		4	30.287	0.000**
	Marsch		5	40.565	0.000**
	Soccer I		4	21.182	0.000**
	Bolero		5	26.968	0.000**
	Siebener		5	11.274	0.000**
	Opus 3		5	27.726	0.000**
	Opus4		4	47.134	0.000**
Schüler	Drive		4	47.784	0.000**
	Bonanza I	Greenhouse-Geisser	1.651	8.368	0.001**
	Bonanza II	Greenhouse-Geisser	3.000	29.732	0.000**
	Marsch	Greenhouse-Geisser	2.788	6.161	0.001**
	Soccer II	Greenhouse-Geisser	2.418	17.740	0.000**
	Bolero		5	46.181	0.000**
	Fünfer		4	62.188	0.000**
	Opus 3	Greenhouse-Geisser	3.642	29.401	0.000**

Tab. E.2: Ergebnisse der Varianzanalyse (Allgemeines Lineares Modell, Meßwiederholung): Einfluß des Faktors VERSION auf die Bewertungen

Anhang F: Farbgrafiken

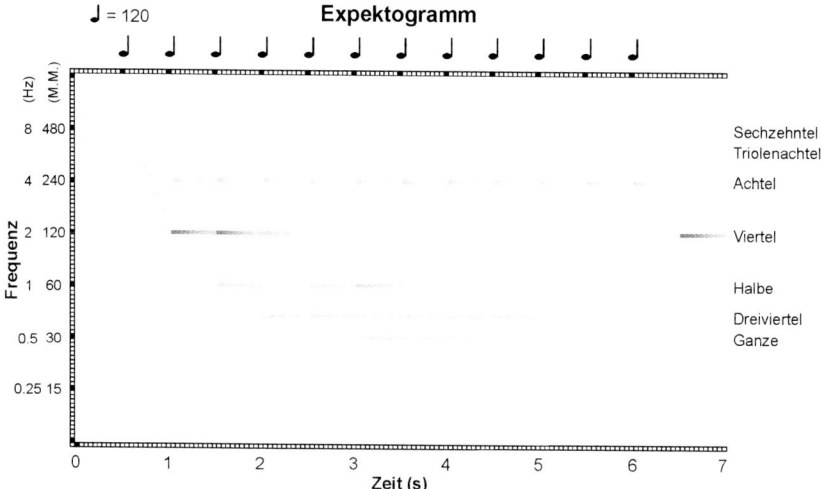

Abb. 2.15: Expektogramm einer gleichmäßigen Folge von Viertelnoten im Tempo M.M. = 120. Positive Änderungsstärken werden mit rot, negative mit blau dargestellt. Die Intensität der Farben repräsentiert den Betrag der jeweiligen Änderung.

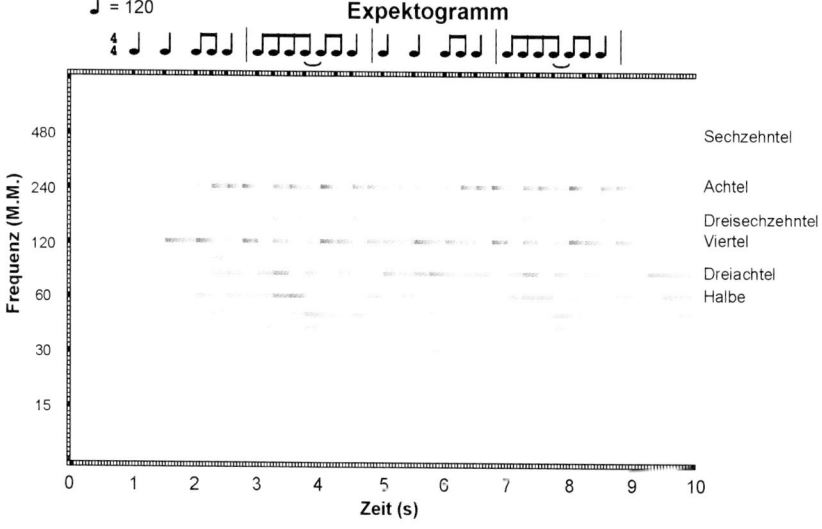

Abb. 3.11: Expektogramm einer Deadpan-Version des Soccer-Rhythmus. Positive Änderungsstärken werden mit rot, negative mit blau dargestellt. Die Intensität der Farben repräsentiert den Betrag der jeweiligen Änderung.

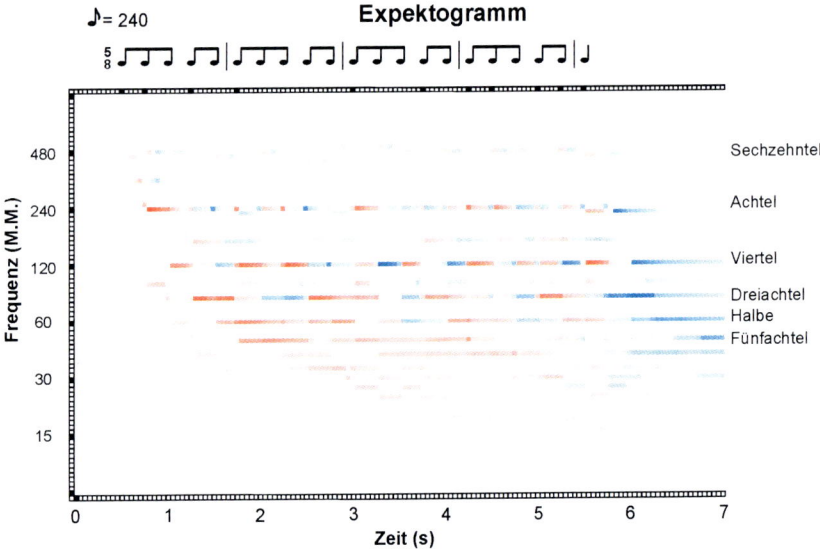

Abb. 3.16: Expektogramm einer als „mittel" bewerteten Einspielung des Fünfer-Rhythmus (CD Track 44). Für die Gesamtänderungsstärke ergibt sich: A = 4.56

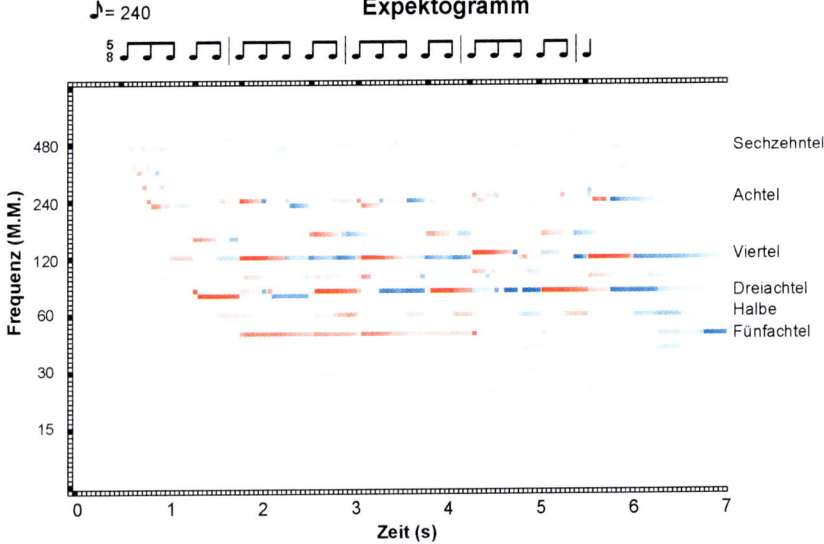

Abb. 3.17: Expektogramm einer als „gut" bewerteten Einspielung des Fünfer-Rhythmus (CD Track 42). Für die Gesamtänderungsstärke ergibt sich: A = 6.56

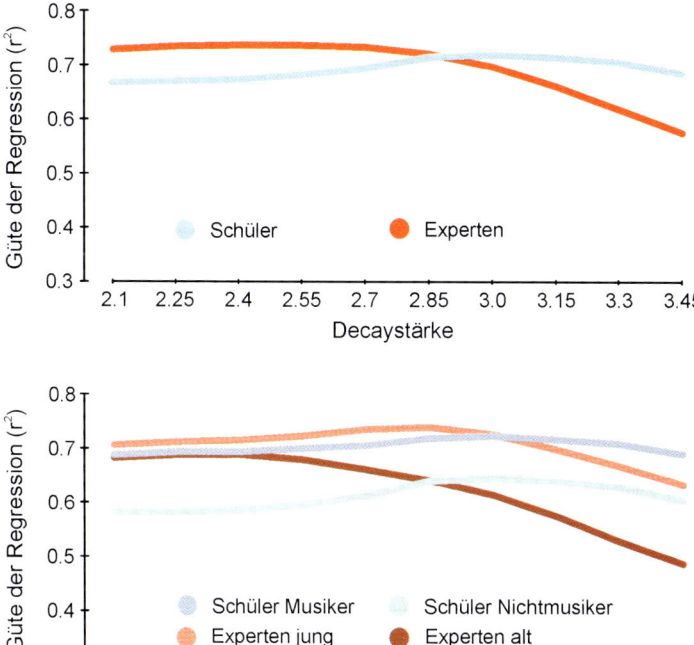

Abb. 4.4: Güte der Regression für verschiedene Gruppen und Untergruppen in Abhängigkeit von der Stärke des Decay

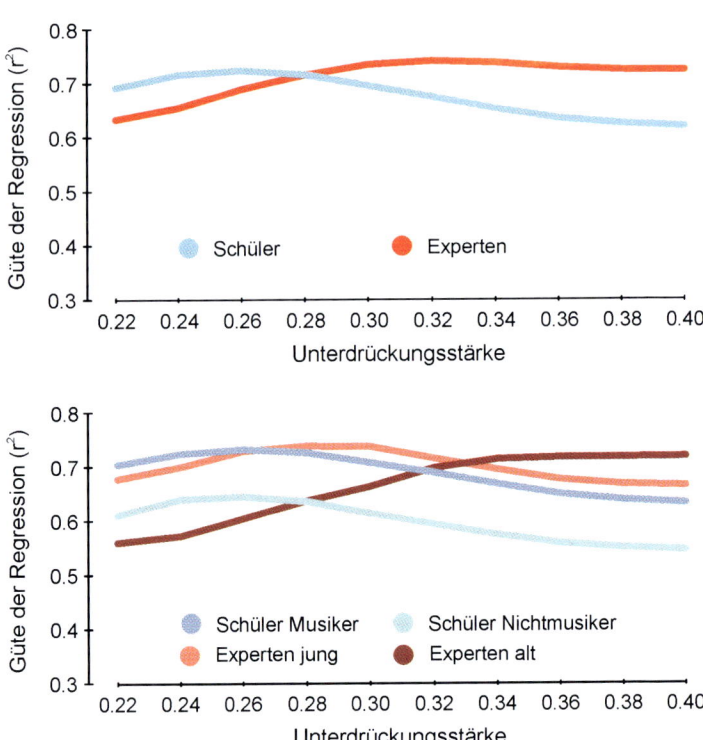

Abb. 4.5: Güte der Regression für verschiedene Gruppen und Untergruppen in Abhängigkeit von der Stärke des Unterdrückungseffektes

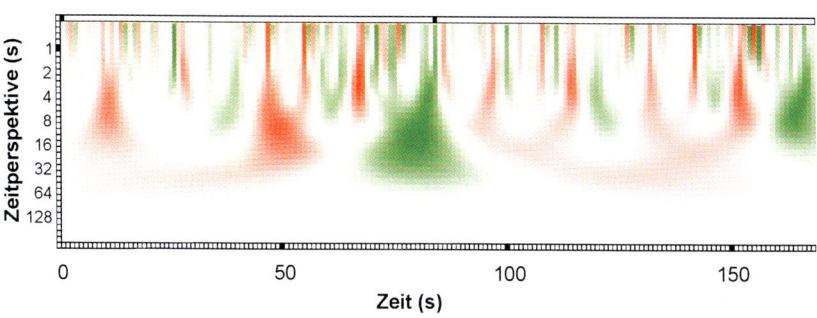

Abb. 5.1:   Dynagramm einer professionellen Interpretation der „Gymnopedie No.1" von Erik Satie

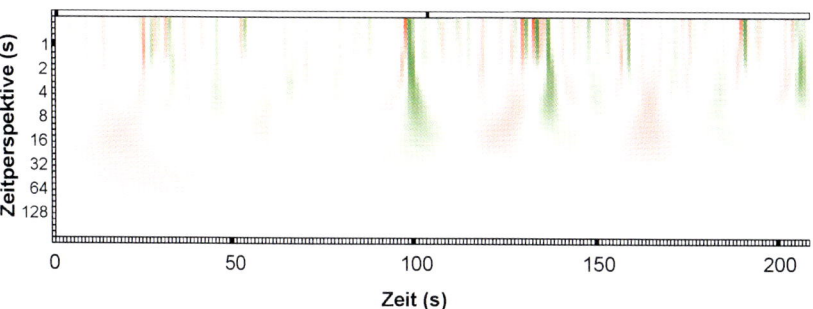

Abb. 5.2:   Dynagramm einer Laien-Interpretation der „Gymnopedie No.1" von Erik Satie

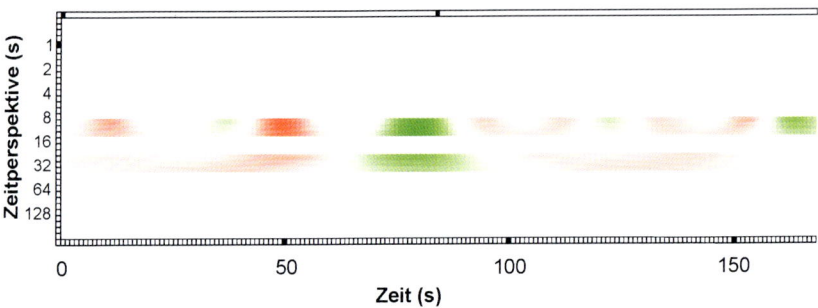

Abb. 5.3: Ausschnitt aus dem Dynagramm der professionellen Interpretation der „Gymnopedie No.1" von Erik Satie

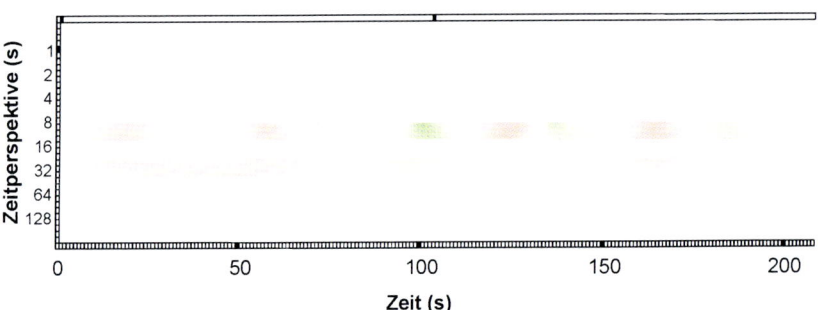

Abb. 5.4: Ausschnitt aus dem Dynagramm der Laien-Interpretation der „Gymnopedie No.1" von Erik Satie

SCHRIFTEN ZUR MUSIKPSYCHOLOGIE UND MUSIKÄSTHETIK

Band 1 Günther Rötter: Die Beeinflußbarkeit emotionalen Erlebens von Musik durch analytisches Hören. Psychologische und physiologische Beobachtungen. 1986.

Band 2 Sigrid Flath-Becker: Musikpräferenzen in Situationen psychischer Anspannung. 1987.

Band 3 Reinhard Kopiez: Der Einfluß kognitiver Strukturen auf das Erlernen eines Musikstücks am Instrument. 1990.

Band 4 Helga de la Motte-Haber, Günther Rötter: Musikhören beim Autofahren. Acht Forschungsberichte. 1990.

Band 5 Johannes Oehlmann: Empirische Untersuchung zur Wirkung der Klänge von Gongs und Tam-Tams. Klang, Lautstärke und Emotion. 1992.

Band 6 Andreas C. Lehmann: Habituelle und situative Rezeptionsweisen beim Musikhören. Eine einstellungstheoretische Untersuchung. 1994.

Band 7 Helga de la Motte-Haber / Reinhard Kopiez (Hrsg.): Der Hörer als Interpret. 1995.

Band 8 Johannes Barkowsky: Das Fourier-Theorem in musikalischer Akustik und Tonpsychologie. 1996.

Band 9 Günther Rötter: Musik und Zeit. Kognitive Reflexion versus rhythmische Interpretation. 1997.

Band 10 Gunter Kreutz: Musikalische Phrasierung aus historischer und kognitionspsychologischer Sicht. 1997.

Band 11 Martin Flesch: Hypothesen zur musikalischen Kreativität unter Berücksichtigung psychodynamischer Aspekte der Pathographie bei Gustav Mahler (1860-1911). 1997.

Band 12 Reinhard Kopiez / Wolfgang Auhagen (Eds.): Controlling creative processes in music. 1998.

Band 13 Jörg Langner: Musikalischer Rhythmus und Oszillation. Eine theoretische und empirische Erkundung. Including a comprehensive abstract in English. 2002.

Constantin Floros / Friedrich Geiger / Thomas Schäfer (Hrsg.)

Komposition als Kommunikation

Zur Musik des 20. Jahrhunderts

Frankfurt/M., Berlin, Bern, Bruxelles, New York, Oxford, Wien, 2000.
433 S., 1 Abb., zahlr. Tab. und Graf., 1 Faltbl.
Hamburger Jahrbuch für Musikwissenschaft.
Herausgegeben vom Musikwissenschaftlichen Institut der Universität Hamburg.
Redaktion: Jörg Rothkamm. Bd. 17
ISBN 3-631-36745-7 · br. DM 148.– / € 75.70*

Dieser Band versammelt vierundzwanzig Beiträge von Wissenschaftlern verschiedener Generationen zu einer Rückschau auf die Musikgeschichte des eben zu Ende gegangenen Jahrhunderts. Er ist Peter Petersen, dem langjährigen Redakteur und Mitherausgeber des Hamburger Jahrbuchs, zum sechzigsten Geburtstag gewidmet. Die Autorinnen und Autoren haben vor allem seine drei Hauptarbeitsgebiete berücksichtigt – Musiktheater, musikalische Analyse und politisch engagierte Musik. Der Titel *Komposition als Kommunikation* ist Reverenz an Petersens Überzeugung, daß Musik ein Weg ist, sich über menschliche Belange zu verständigen. Dies verdeutlichen seine zahlreichen Schriften (der Band enthält ein Verzeichnis) ebenso wie die hier vorliegenden Studien, die den Bogen vom frühen Schönberg bis zur jüngst uraufgeführten Berio-Oper spannen.

Aus dem Inhalt: Zur Rolle von Musik, Tanz und Bild im modernen Gesamtkunstwerk · Arnold Schönbergs Emanzipation der Dissonanz und seine erste Zwölftonoper · Analysen zu Alban Bergs Wozzeck und Lulu · Zeitgenössische Musik im Dritten Reich · Musik im Konzentrationslager Dachau · Politische Kompositionen von Otokar Ostrcil, Mauricio Kagel, Allan Pettersson, Luigi Nono und John Adams · Sujetgebundene Instrumentalmusik von Hans Werner Henze und musikbezogene Dichtung von Ingeborg Bachmann · Filmmusik und Multimedia-Kompositionen · Neueste Musiktheaterwerke von Wolfgang von Schweinitz und Luciano Berio · Neue Tonstimmungen und rhythmische Experimente im 20. Jahrhundert

Frankfurt/M · Berlin · Bern · Bruxelles · New York · Oxford · Wien
Auslieferung: Verlag Peter Lang AG
Jupiterstr. 15, CH-3000 Bern 15
Telefax (004131) 9402131

*inklusive der in Deutschland gültigen Mehrwertsteuer
Preisänderungen vorbehalten

Homepage http://www.peterlang.de